只管努力 静待花开

付于敏◎编著

中国纺织出版社有限公司

内 容 提 要

越长大越明白：人生中的很多事情其实都需要我们自己努力争取，但面对人生诸多的不可控制和无可奈何，我们无须消沉，只要足够付出，足够努力，静待花开，自有回报。

本书旨在通过作者的切身体验和感悟，一步步引导你的思考，使你能够对我们的人生和所处的环境有一个更加深刻的理解。这里没有大道理似的说教，只有贴近生活的娓娓道来，告诉你一些人生的哲理。

图书在版编目（CIP）数据

只管努力 静待花开 / 付于敏编著. --北京：中国纺织出版社有限公司，2019.11（2024.4重印）
ISBN 978-7-5180-6349-9

Ⅰ.①只… Ⅱ.①付… Ⅲ.①人生哲学—通俗读物 Ⅳ.①B821-49

中国版本图书馆CIP数据核字（2019）第126663号

责任编辑：李 杨　特约编辑：王佳新　责任印制：储志伟

中国纺织出版社有限公司出版发行
地址：北京市朝阳区百子湾东里A407号楼 邮政编码：100124
销售电话：010-67004422 传真：010-87155801
http：//www.c-textilep.com
E-mail：faxing@c-textilep.com
中国纺织出版社天猫旗舰店
官方微博http：//weibo.com/2119887771
北京兰星球彩色印刷有限公司印刷 各地新华书店经销
2019年11月第1版 2024年4月第2次印刷
开本：880×1230 1/32 印张：5
字数：180千字 定价：59.80元

凡购本书，如有缺页、倒页、脱页，由本社图书营销中心调换

前言

梦想还是要有的，万一实现了呢？这句话曾经风靡一时，成为我们在这现实世界里苦苦奋斗的一个精神力量，成为让我们告诉自己，再坚持一下，可能就会好了的理由所在。但是后来，不知从什么时候开始，我们不再说梦想的可能性，甚至连提“梦想”这个词语的时候，自己都想笑。于是，我想问，我们的人生没有梦想，真的没有任何问题吗？

老实说，我也不知道没有了梦想会怎样，又或者说，当我们都不再提起梦想的时候会怎样。但我知道，很多时候，并不是我们失去了梦想，只是我们有一点迷茫，被太多的美好遮住了双眼，没有认出梦想的真面目，没有在事前及时认识，而是在事后恍然大悟地说：“原来，这就是我的梦想。”确实，总是在有所经历以后，我们才会明白，原来生命中许多美好的光芒，靠的都是我们由始至终的坚持。在为梦想打拼的这条路上，只有坚持和努力才会帮助我们在成长的过程中散发出熠熠光辉。很多人之所以不成功，说自己没有梦想，其实只是未能在这个过程中坚持下去，仅此而已。但其实，即便再浑浊的水，只要学会耐心沉淀，便会有分外澄澈的时刻；再愚钝的人，只要足够努力，学会笨鸟先飞，就一样能够改写自己的命运。

人生是一场马拉松，决定我们最后输赢的绝不只有起点这一个因素，或许我们未能笑在开始，却可以通过努力让自己赢在最后。因此，请不要将时间一直用来愤懑自己的起点太低，那其实只是我们站立的原点。只要保持前进，其实都是在不断进步。人生路上，学会管理好我们的时间，将精力多放在有价值的事上；学会管理好我们的身体，因为这才是我们实现一切想法的前提；更要学会管理好我们的内心，不为无谓的纷争所烦扰……

所以，我要问：人生前进路上，亲爱的宝贝，你，准备好了吗？在我们生命的天空里面，有时风和日丽，更多的时候却会云遮雾障。很多时候，我们往往决定不了命运的走向，只能决定行走在这同样的时空下，我们的状态如何。是选择懒散度日，还是振作奋起？是选择消极悲观，还是乐观向上？亲爱的宝贝，请你相信这个真理：选择奋斗永远都比选择懒惰要收获得多，即便收获的分量没有达到你的预期，但是少总好过无；无论成败与否，只要努力过，就不会再有遗憾和后悔。人生最怕、最遗憾、最令人懊悔的事情永远都不是努力之后的失败，而是从未曾努力奋斗过。并且，付出以后，你会越来越认可：

生命中的每一次进步其实都要依靠我们自己的努力才能实现，我们的人生也只有依靠努力才能迈进。由此，可以说，努力能够让我们进步，也是我们人生前进的唯一方式。

在通往成功的道路上，我们每个人其实都是世界上的独一无二，没有任何人能够代替我们的思想和行为，我们应该以此为豪，更要明白这其中所需承担的责任和重担，因为没有任何人能够代替我们的努力，我们所得到的一切都要依靠自己的努力，别人只能影响，不能主宰。因而，学会做自我命运的主宰者，首先我们要学会认识自己，承认自身所存在的某些缺陷，并努力去改正。其次，做自我命运的主宰者，需要我们学会相信自己，相信别人能够做到的事情，自己也一定能够做到，而且有信心能够做得更好。最后，既然做自我命运的主宰者，人生的方向由我们自己来把握，我们就应当要学会超越自己，学会超越自己的平庸，超越失败，超越生命之外的某些东西，让自己能够感受到拼搏的喜悦和努力过后的洒脱。

亲爱的宝贝，请你相信：你所付出的所有努力都会有所回报，因为你的梦想绝对不会辜负你的努力，当你沉下心来为了一件事情拼命努力的时候，你会发现全世界都会开始帮助你。由此，希望这本书能够给正在努力的我们一丝激励，给尚未成功却一直都在拼命努力的我们一丝希望。请你相信：只要每天都让自己进步一点，每天都给自己一些希望，即便世界再大，最终也会因为我们的努力而发生一些改变，变得更好。或许，即便付出全身心的努力，我们也不能够成为这世界上最好的，却可以通过自己的努力成为这世上更好的我们。因为，只有永不放弃，我们的努力才会配得上我们的梦想，等到我们老去的那一天，我们也能够心安理得，毫无遗憾地躺在摇椅上晒晒太阳，感受这生活的美好。在此之前，请不管不顾地向前努力，向前奔跑。

编著者

2019年3月

目录

第01章 花开需应时，努力不能等

小时候，每次母亲喊吃饭的时候，贪玩的我们总是喜欢对她说“等一会儿”；长大后，我们也总是喜欢将“等一会儿”挂在嘴边。一个星期以后就要考试了，今天还在贪玩，心里对自己说“反正还有时间，再等一会儿吧”；项目的截止日期只剩一个月了，今天却还在懒散，心里对自己说“反正还有时间，再等一会儿吧”。殊不知，昨天等一会儿，今天等一会儿，明天等一会儿……有多少的机遇和机会就是在这“等一会儿”中默默丢失掉了，甚至我们还未曾察觉。花开需应时，努力不能等。错过了花期，再美的花朵没有人去欣赏，最终的结果也只会是毫无意义。

想做就做，不要再等

人生在世，没有人会从无烦恼。走在自己的人生路上，我们总归会有学业、工作抑或爱情、生活不顺遂的时刻，也总会有痛哭、难受、伤心的时刻。但熬过来以后，回头看看，你会发现：这世上谁不是在难熬的日子里一边对自己说着加油，一边流着眼泪不断向前进。我们总是在一路摸爬滚打，一路跌跌撞撞中走向成熟，直到最后走出一条属于自己的敞亮道路。而在这过程当中，努力是永恒的关键词，也是我们普通大众获得成功的唯一道路。

面对机遇，有人选择观望，有人却选择立刻行动。我们的人生走向也由此发生改变。而有趣的是：选择立刻行动、不断努力的人明明很辛苦，却从未听到他们对生活的抱怨和对命运不公的评判，反倒是那些一直观望的人总是在抱怨着命运的不公与自己的倒霉，其实，只是你没有立刻行动，拼尽全力而已。别人让你行动的时候，你总是说再等等，而等到时机过了的时候，就只能白白看着别人的收获，最终叹息自己的不济。我们不是上帝，并没有预知未来的本事。我们能够做的其实就是默默努力，不断坚持，做好自己，而等你真正能够做好自己的时候，其实，离成功也就不远了。

有一个大学同学，暂且称呼她为意欢吧。现在的意欢是一名优秀的人民教师，也是某个热门网络电台的人气主播。这听似两个截然不同的职业和人生却在她的身上完美融合。而在一开始，意欢可不是这样的。

记得大一刚刚见面的时候，意欢是一副典型乖乖女的模样。每天早出晚归，认真学习，从不迟到早退，更不逃课逃学，偶尔的消遣就是在宿舍里追剧玩手机。熟悉了以后，我才知道她心底的悲哀：意欢自幼就对朗诵有着浓厚的兴趣，那时的她总是喜欢主动上台带领同学们在早读课上读课文，语文老师见她是一个好苗子，有当主持人的潜力，便有意着重培养她，为她争取学校里面举办活动上台演讲、主持的机会。

然而想要当主持的想法并没有得到父母的支持，父母认为女孩子做主持人太过辛苦，因为在父母的认知里，播音主持是吃青春饭的，不光竞争压力大，更需要有足够多的人脉和资源。于是，家人劝她选择一个诸如教师或者医生这种有着稳定编制的职业，以后安稳度日就好。在父母的劝说下，意欢动摇了，从此只敢私底下悄悄地听听广播，不敢戴上耳麦对着话筒读文章。

就这样，高考结束以后，意欢考上了大学，选择了汉语言文学专业。枯燥的专业内容让意欢越来越沉默，也越来越悲观。她曾经认为自己的后半生可能都要这么度过了。直到有一天听到教导员的一句话：下定决心就立刻行动，等待只会让你离梦想越来越远。在听到这句话的一瞬间，意欢如雷贯耳，整个人豁然开朗，对播音的爱好与渴望又渐渐在心中苏醒。那一瞬间，所有的不甘与激动席卷而来，让她决定从当下开始改变。

于是，意欢不再悲观，也不再消极抵抗。既然父母不同意自己以后从事播音的工作，那就先努力做好自己，做出一点小成绩来，父母就会同意了。意欢就这么想着，开始利用一切课余时间积极钻研播音知识。意欢想起自己在参加学生会竞选的时候，曾经通过出色的自我介绍赢得过好评并获得了成功。于是，鼓起勇气再次报名参加了学校的广播台并顺利通过了面试，正式成为学校广播台的一分子。由于进去得晚，意欢做的都是一些基本工作，但她并没有抱怨，反而异常珍惜自己这次重新开始的机会，更加用心地学习。意欢为自己制订了一个详细的学习计划，每天私下抽出两个小时的时间用来练习自己的普通话，阅读播音主持相关的书籍，并潜心研究那些优秀电台主持人的播音风格，根据他们的声音特点以及节目内容做笔记，分析他们吸引听众的独特之处。

学习的过程并没有想象中的一帆风顺，意欢还是遇到了很多的困难和麻烦。以前的意欢从来没有接受过有关播音专业的相关培训，所以，即便她花费了很多的时间和精力在网络上查看音频文件后期处理方面的视频教程，但是仍然事倍功半，没有多么显著的成效。后来，意欢还是决定请教这方面的前辈，最终，她的业务水平才稍稍得到了提升。自学的过程是孤独且寂寞的，但是意欢始终没有放弃，仍然靠着自己的毅力坚持了下去。终于，在一次学校组织的主持人大赛中，意欢拿到了全校第一名的好成绩，这次惊艳的亮相一下子让意欢成为学校里的风云人物。每每有人提到她的名字，大家就会想起她甜美温暖的声音和自信开朗的笑容。初获自信的意欢越努力越幸运，越幸运越努力，用满满的正能量循环帮助自己到达了梦想的彼岸。

人生就是这样，短短几十年在纠结彷徨中度过与在努力奋斗中度过，这过程是截然不同的两种体验。立刻行动的时候或许累的是身体，却永远好过纠结彷徨带来的心累。就像是案例中的意欢，从没有进行过播音主持的专业性学习，只是凭借当年老师对她的欣赏和认可，一直把播音的爱好坚持到了现在，虽然这中间有过动摇，却始终没有真正放弃过。最终，更是凭借自己不懈的行动让自己站上了梦想的舞台。所以，不要等待，将纠结犹豫的时间用在勇敢行动上，最终你一定会收获到更多的幸运。

越努力，才能够越幸运

同学小张在我印象中一直都是拼命努力的模样。面临高考，所有的人都很紧张，但绝大部分同学终归还是有轻松休闲的时刻。只有同学小张永远都是一副紧张冲刺的模样，冲刺到每天每节课的课间十分钟都不放过。记得有一次，我问小张，为什么要这么拼？真的值得吗？我以为听到的会是一番大道理，没想到小张只是朝我淡然一笑，说道："我只是不想辜负自己的机会，不想辜负自己能够得到的机会。"当时的我为小张超出年龄的沉稳所折服，也暗自对自己说要向她学习。后来，如愿考上理想大学的小张告诉我，大学期间，她除了要学好专业课程以外，还要发展自己的美术特长，去参加任何能够展示自己能力的活动。因为她相信，任何现在辛苦的锻炼都能够为她未来梦想的实现打下坚实的基础。至于毕业以后的安排，除了工作以外，小张告诉我，她会去考驾照、健身、游泳。原因也并不是想要多么崇高，只是不想辜负自己的青春，想让自己活得独立并且美好。

说实话，小张只是我众多同学当中比较普通的一个，说她普通是因为她跟我们一样出身普通家庭，跟我们一样需要为了自己的梦想不断努力奋斗。但是她也是我们当中最为特殊的一个，因为当我们低头抱怨自己的碌碌无为，没有梦想的时候，只有她一直坚持自己的特长和梦想，并决定勇敢地去闯。也最终通过足够的努力得到了足够的幸运，成就了属于自己的事业，得到了更多的收获。因此，普通平凡的我们，没有出生就在所谓的终点，那就选择通过自己不断的努力去实现人生的逆袭吧。人生中的很多事情，往往都是在犹豫纠结的时候是最难的，而一旦付诸行动，不断坚持努力，你会发现，其实一切并没有想象中这么困难。虽然梦想实现的过程中注定会有挫折与磨难，但这是完全不相同的两种体验。

我并非写作专业出身，在我开始写作的时候，也从未经过系统性的写作训练，只是单纯地出于爱好，让自己坚持每天都写出那么一段文字记录下当时的心情与一些对人生的感悟。直到后来，下定决心将自己的这份爱好变成一份事业。当爱好变成事业的时候，我曾经历过一段非常焦虑的时期，每每看到别人小有所成的时候，总是一脸愁容地想着自己还要有多久才能达到同样的高度，自己的文章还要有多久，才能够成为所谓的“爆款文”。由于一直在纠结这些问题，便自然生成了很多以前从未有过的失落与悲观，便绞尽脑汁地去强迫自己写出一些自认为会是爆款的“讨好型”文章，结果却彻底成了一个“四不像”，反而失去了自己原有的风格与水平。后来，痛定思痛，决定坚持自己的写作风格，即便现在的我依旧没有成为畅销书的作者，但是每每自己焦虑的时候，我总是能够告诉自己：只要做到坚持本身，就已经是一种了不起。这样的信念给我带来了更多的安全感，增强了我很多的信心，我总是告诉自己：坚持就是胜利！在写作的路上坚持了这么多年，也确实欣赏到了不一样的风景。亲爱的宝贝，不管是我写文章，还是你在坚持什么其他的事情，其实都跟走路一样，一步一步地走才能够踏实，才能够安稳。人生路上，其实从没有那么多的天上掉馅饼和无比轻松，很多你看不起来的毫不费力不过是别人经年累月保持努力之后的厚积薄发。亲爱的宝贝，当你看到别人身上闪闪发亮的光芒时，其实那只是别人在你看不见的地方默默无闻地努力着，靠着一天又一天的坚持不懈和一点一滴慢慢积攒的发光能力，最终闪闪发亮。梦想的实现从来都需要我们不断坚持，需要我们不断努力。但努力与坚持并不是让我们死撑，更不是不情不愿地煎熬下去，而是心甘情愿地保持积极，不断努力。那么，终有一天，你的梦想一定会照亮现实。

因此，从此刻开始，从当下开始，请停止抱怨，别再抱怨自己的生活不够好，世上真正比你悲惨的人有很多很多。也别再给自己懈怠的暗示，“再多睡一会儿”“再多玩一下儿”“再多等一下下”，这些容易造成你懒惰拖延的语句请学会拒绝。哪怕从现在开始，从当下开始，只是选择一项你喜欢的爱好去坚持去热爱，那也会是一个新的开始。因此，亲爱的宝贝，保持积极，保持努力。人生总是越努力，越幸运。只有当你保持足够努力，才有可能会变得亮光闪闪，成为自己梦想中的那个人，不是吗？

用努力取代抱怨

生活中的我们经常会有这种挫败的经历：念书的时候，自己刻苦复习了好几个月，不惜牺牲很多课余时间，自觉勤奋程度不亚于头悬梁锥刺股，但是考试成绩还没有超过那些看似每天都在玩乐，最后临时抱佛脚冲刺了一下的同学；参加工作以后，上级领导布置的同一项任务，自己到处收集资料还要加班加点才能够完成，而其他人好像不到两个小时就完成了，而更为致命的是，别人快速完成的效果好像比你的还要完美……这样的经历在我们的生活中并不少见，于是，当别人选择重新再来的时候，你可能选择了怨天尤人，选择了自暴自弃，继而逐渐沉沦，让自己的余生都在后悔与抱怨中度过。但其实，仔细思考一下你认为的付出与努力，你真的做到极致了吗？你真的够拼命努力吗？

前几天，一群邻居在微信群里聊天的时候，再次听到了几句很熟悉的抱怨。我当时忙着做事，没看微信名称，心下立刻想到了一个人。一看手机屏幕，果然是她。她叫星星，是我们同一批搬入小区居住的邻居。我没有跟她私下接触过，但是通过在群里聊天得知的信息对她以及她的家庭有了一些浅层的了解。听说她原来有一份很好的工作，后来因为怀孕生子，在单位受到领导的排挤和不公对待，原先说好的晋升突然被顶替，她忍不住，气不过，最终愤然离职。原本想着重新再找一份工作轻而易举，却不承想，自家婆婆突然病逝，留下一个瘫痪在床的老公公需要人时刻照顾。再加上一个嗷嗷待哺的小婴儿，她的人生似乎一下陷入进退两难的地步。要说，如果她还在职，有足够充足的经济来源，只用请个保姆就能解决，而现在却成了拖垮她人生的最后一根稻草。跟很多人的第一反应一样，我也立刻问了句："你老公呢？为什么不让他帮你分担一点？"得到的回答却令人更加无奈且沮丧，她老公是一名海员，常年在外，每年除了个把月的时间能够待在家里，剩余的时间都要在千里之外的轮船上度过。显然，这个家就剩下了她一个人忙里忙外，苦苦支撑，而他老公的收入也只是勉强能够解决他们的温饱。于是，抱怨的话语在她口中越来越多，"小怨妇"也逐渐成为她在我心中的代名词。聊天的次数多了，我们便也互相更为熟悉了。有一次，她突然在微信上问我，我要怎样才能重新开始呢？我听了一阵沉默，想继续问问她自己的想法，便慢慢开导她："不要着急，等孩子能够上托班的时候，等你们有了一点的积蓄能够请个保姆照顾老爷子，你自己再出去上班，就总会有柳暗花明的这一天。"

有一次，她私聊我，问怎么样才能跟我一样赚很多。我并不清楚是何种信息来源与判断的依据能够让她得出我的工资一定很高这样一个结论。当时她问我，转做设计师需要自学一些什么内容。我虽有点意外她为什么会突然考虑转行，但我还是礼貌并且如实地告诉她，需要学习一些美术以及制图软件，以及一些专业知识。她一听到我说的这么多内容，立刻表示了迟疑。老实说，这一点在我意料之中，跨行业的挑战对任何人来说其实都是一件很不容易的事情，何况她还有那么重的家庭负担。于是，我问起她准备转行的原因，果不其然只是因为想要找一份工资更高的工作，而她认为转做设计师会是一件很轻松的事情。

老实说，她的这种草率有点激怒我，或许她是凭借我们这么多天的聊天内容以及我传达出来的生活理念得出我的轻松与对工作的得心应手，但是却也仅凭自己的主观臆断为我加上了一个标记。除了询问设计师的工作内容，她还询问了我所在的单位，想要让我帮她提供一次面试的机会。我虽然有点不悦，但还是帮她向我们公司的人事递交了简历，我们便结束了谈话。

后来，有一天，听她在群里说起面试的情况，过程似乎并不是很顺利，最终的结果距离她理想的岗位及薪资也有一定的差距。出于关心，我私聊了她关于面试过程和遇到的问题。而她的反应却出乎我的意料，原来我们公司的同事鉴于内推优先的原则，虽然她的专业的确不是很对口，但还是尽可能地为她提供了适合的岗位与符合标准规则的薪资待遇。听说她想要薪资高一点的岗位，便有意安排她去门店系统。而她却认为门店系统听来就很累，说出去也有碍情面，询问有没有轻松一点、工资也够高的岗位。我听了，没有再回复，既然志不同道不合，又有什么必要再浪费彼此的时间呢？

“钱多事少离家近”，这或许是我们所有人都梦寐以求的一份工作。但是，既然没有含着金汤匙出生，就不要将自己的时间都用在抱怨和愤懑之中，在没有拼尽全力追求之前，在一切尘埃尚未落定之时，你永远没有资格去抱怨“为什么我的努力没有得到应有的回报”。因为你努力的程度还不够，你自认为的努力感动到的不过是你自己，你自认为的拼尽全力也不过是别人眼中的正常状态。一分耕耘一分收获，想要走上人生巅峰，获得心满意足的成功，达到梦想中的理想状态，那就拼尽全力向前奔跑，用尽力气努力向上，仅此而已，别无他法。

有付出才会有回报

老实说，这世上并不是每一次的努力都会让我们有所收获。但是，你不得不承认的是，想要有任何一次的收获，我们必须付出相应的努力。没错，人生的确就是这样一个不公平却又不可逆的命题。因此，面对这一命题，我们所能做的，就只有努力到无能为力，拼搏到感动自己。

曾经，我们都以为只要达到了人生的某种成就，实现了某种地位，就能够一劳永逸，开始尽情地享受人生。然而，放眼身边的成功人士，他们从未放松过。努力于他们而言已经变成了一种习惯，深入骨髓。

腾讯的创始人马化腾先生，被员工们称为“邮件狂人”，因为仅在QQ空间开发期间，马化腾和团队成员往来的邮件就已经超过了2000封。有一位元老级别的程序员说，他曾经在半夜两点多做好了一个PPT发送给马化腾，本想着洗洗就睡了。不料在30分钟以后就收到了马化腾的回信，邮件中详细列出了需要修改的意见和方案。于是他只好硬着头皮按照马化腾的建议做出了调整和修改。而也正是这种被迫的努力，让这位元老级别的程序员变成了腾讯的高管，走上了属于他自己的人生巅峰。

随着腾讯集团的迅速发展，腾讯旗下的产业和产品也越来越多。然而，即便有那么多的产品，马化腾依旧对这些产品的市场行情了如指掌。那么马化腾是如何做到的呢？据说，他有两个“笨方法”：像普通用户一样，每天轮着使用每一个产品，还经常去各种相关的产品论坛里“潜水”，聆听用户不同的声音和反馈。即便是已经成为站在顶端的企业家，马化腾先生却依旧秉持着最“浪费时间”的方式去管理公司：收发邮件、第一时间给反馈、每一个产品都试用、聆听普通用户的声音。这些在外人看来都是“吃力不讨好”的行为，但早已成为普通人眼中“成功人士”的马化腾先生的习惯。

这世上总是会有人用着“时间宝贵”的说辞，想尽办法去找到通往成功的捷径。殊不知，这样的结果只会将自己的人生路越走越窄。只有凭借努力，一步一个脚印踏实地向前进，用汗水换取每一份收获，这样的人生之路才会越走越宽广。

最近，有一段爆火的新闻视频看得令人心酸：视频里是一只小黑熊正跟着妈妈在爬雪山，雪山十分陡峭，又有冰雪覆盖，很是难爬。这期间，小黑熊一度失败，滑落底端，但每次又不得不从头来过，小黑熊的妈妈在山顶上焦急地等待，来回地踱步发出阵阵的低吼，但终归还是帮不上小黑熊的忙。于是，你只能看到皑皑白雪上有一个小黑点一直在不放弃地往上爬，不知道经历了多少次失败，最终成功跟妈妈会合。这样的视频看得人感动不已，我想，不仅是因为我们心疼这只努力的小黑熊，更主要的是我们从中看到了自己奋斗的影子。经常听到有朋友抱怨，来到大城市好几年，眼看着自己租的房子越变越小。即便是每天扳着手指头算零花钱，“月光”却依旧是常态。据说在北京，六成的年轻人存不下钱，租房租金占比超过收入一半的人大有人在。然而，就像我朋友说的那样，为了自己的梦想，为了家乡亲人的期待，自己只能选择一路死磕。

诚然，生活中的我们很多时候都是这样。明知自己选择了一条艰难异常的路，随时都有可能面临雪崩。但是为了自己的梦想，为了自己的将来，为了家人的期盼，即便累到筋疲力尽，也要依旧往上爬。疲惫是常态，却必须勇敢地坚持下去。因为无数的成功经验告诉我们，应该几十年如一日在小事上的坚持，就像是不断向上攀爬的小黑熊，就像是已经大获成功的马化腾先生，不管过程上看着多么艰辛，多么浪费时间。只有这样稳扎稳打每一步，才是我们对时间的最大尊重。

根据美国哈佛大学商学院对职场精英人士的一份调查显示：有94%的人每周工作50个小时以上，一半的人每周工作时间是65小时。而在这些人当中，最为忙碌的就是受过良好教育的已婚职业女性，以及离异的单亲家长。而越是经济落后、贫穷、发展缓慢的地区，越是低学历的人群，越悠闲，也越感受不到时间的宝贵。于是，你不得不明白这样一个残酷的事实：这世界上，从没有轻而易举的成功，你所看到的所有成功都是别人爬出来的。因此，与其抱怨，不如学会放下自己的怨。用勤奋与努力度过自己的每一天，成为自己心目中最理想的模样。

用独处的时光提升自己

孤独，不知从什么时候开始，似乎变成了一个中性词。小时候，没有人愿意承认自己是孤独的，因为孤独意味着自己的不合群和没有朋友。所以，即便是上个厕所，我们都喜欢结伴而行。长大以后，尽管并不愿意，我们也少不了要经历很多独处的时光。但是渐渐地，我们不再畏惧孤独，甚至开始学会享受孤独，享受生活。

在结婚以前，我曾经独自在外地工作过两年，这期间一直都是一个人在外面租房。有一段时间，我很受不了这种状态。经常在单位自愿加班到很晚，因为我宁愿将所有的时间都花在有人陪伴的工作上，也不想回去孤独地面对冷锅冷灶。休息日在家实在没有办法的时候，我会将自己平板电脑的音量开到适中，即便是上厕所，自己吃饭也不愿意将它关了，只是为了不孤独。因此，剧荒而又休息在家的时候是我最难过的时候。或许有人会说，为什么不出去跟朋友一起玩呢？为什么不约上三五好友一起出去聚会呢？为什么不去参加一些培训班提升自己呢？答案只有一个：因为孤独。

孤独并不等同于落单。孤独最可怕的力量并不是让你感到无聊与孤单，而是长时间的孤寂之下让你变得不再是自己，让你越来越懒于做一切费劲的事情，直至最终沉沦。

有一天，有一个许久未见的朋友突然对我说："我觉得你变了，你变得……我一时想不出准确的形容词，清高？孤独？距离？对，应该是有距离了，你变得，跟以前相比，给人有距离感了。"我认可地笑笑，因为即便她当着我的面说出了这一番话，我依旧是淡淡的感觉。朋友不死心地追问我为什么，我想了想告诉她："性格变了吧。"朋友一下子乐了："怎么可能呢？人这一辈子最不会改变的就是性格。其实你还是跟以前一样和善，只是越来越喜欢独来独往了。”

独来独往？我顺着朋友的思路回忆了一下自己的日常。好像确实如此，我平时不喜欢和人有冲突，总是会尽量避免不必要的争执。下海经商的这两年，即便竞争对手故意出言挑衅，我也总是秉承着和气生财、以和为贵的处世之道尽量克制自己，除非对方触及我的底线。所以要说独来独往，大概只是因为我总是有太多的事情要做，我有看不完的书和电影，以及很多生意上的往来，有大量的社交活动需要我去参加。所以对待一些不相干的人，实在是没有必要也没有精力去和他们闲扯。

人生总是越长大越孤单，因为随着年龄的增长，我们经历的东西也越来越多。而我们越来越孤单的原因是我们慢慢地清楚地知道，哪些人值得我们花时间去交往，而哪些人只是泛泛之交。就像前段时间曾经流行的一个解释：我只是变得只对一部分人温柔，剩下的看心情。我对此感觉深以为然。越长大越独立，越独立便越会懂得：人生交往的前提早已从拒绝孤单变成了是否开心和舒服。很多时候，我们越来越喜欢独来独往，只是因为世界太大，人太多，交往越久，我们或多或少都会感到一些疲累。毕竟我们每个人的人生是不一样的，我们前进的步调其实也是不一样的。

生活中的我们都有过这样的情况：一起上学的时候，在宿舍里吼上一嗓子：“谁要吃饭？”然后总是很快地，我们就会收到回复：“我，等我一下。”然后20分钟过去了，我们总算出了门一起去吃饭。但那时，其实我们早已经饿过了头。就像有人曾经说过的："如果把那些等人的时间都用起来，我不知道能做多少事情。"或许，这样的言论未免过于冷漠，但却说出了我们每人步调不同的现实。亲爱的宝贝，人生苦短，时间有限，而我们总是需要有充足的独处时间才能够来平复与人交往后的疲倦，以及恢复与人交往后耗费的精力。当你拿着这些时间去做你真正自己想做的事情时，当你学会利用这些时间来调整自己的步调来确定是否需要预留更多的时间给当下的你时，便是你开始明白人生的时候。

因此，亲爱的宝贝，珍惜你的独处时光。当你有机会独自相处的时候，不要惊慌，更不要自卑，这并不代表你的失败与不合群。相反，这有可能是我们人生路上发生质变的一个契机与突破口。将这段难得的与自己相处的时间用于沉淀自己，用于观察自己，用于反思自己的真正梦想所在，未来的你一定会感谢曾经的这段时光。因为正是这段时光，才让我们变成了一个更棒的自己。亲爱的宝贝，我们参与社交活动，是因为社交能够给我们带来幸福感，而社交的幸福感来自社交的质量而非数量；来自沟通的深度，而不是沟通的频率；来自思想的共鸣，而不是所谓的热闹。

因此，亲爱的宝贝，享受独处的时光吧，将更多的时间与精力用于提升自己，用于一切能给自己带来积极正能量的事情。当别人对你有所质疑的时候，请告诉他们：我并不在乎你们的眼光，并且，我并不是独来独往，我只是更加注重朋友圈的质量而已。

第02章 所谓的稳定是按部就班，还是在混日子

稳定，似乎是我们追求的人生终极目标。因为从我们出生开始，受到的教育就是：一切为了追求稳定。于是，我们好好读书、用心努力的目标从成为科学家、成为发明家，最终变成“找到一份稳定的工作”。为了追求稳定，我们按照父母设定好的路线按部就班地往前进；为了实现稳定，我们甘愿放弃很多内心真正的渴望；为了保住稳定，我们将自己内心的小怪兽越逼越怂，直到最后彻底消失，我们也最终变成了另外一个人。然而，这一切真的是我们想要的吗？真的是我们想要追求的吗？我想，是时候重新思考一下了。

工作的意义是开疆拓土

工作的意义是什么？我无数次地询问过自己。是为了赚取工资还是为了在岗位上谋得一席之位，实现人生抱负？似乎两者都是，又似乎都不是。于是，我想了很久，依旧没有想明白工作的原因。

后来，有一次闲来无事看综艺视频，看到这样一个大火的小哥：他是一名日本人，是一个搞笑艺人，因为事业刚刚起步，每个月的工资拿到手只有5000日元左右，折合成人民币就是300多块钱，估计每天能否吃饱饭都是一个问题。我想，他的家庭应该是非常不幸吧，不然怎么会为了这么一点工资就甘心努力奋斗。

就在我思考到底是什么样的信念支撑着他努力奋斗的时候，节目组揭示了一个令人震惊的事实：小哥每个月的零花钱有400万日元，这笔钱来自他的父母。我颤颤巍巍地按了一下计算器，折合成人民币大概是24万，这都能在我的家乡买一套小房子付个首付了。随后，节目组向我们展示了小伙的日常：平时开的车是保时捷；住的公寓是月租金高达28万日元的高级单身公寓，有专人为他打扫收拾，整理床铺。走进公寓内，满屋子的路易威登、古驰和爱马仕，小伙出门随便吃了一顿饭，花费了6.8万日元。他的父母甚至还给他买了价值7000万日元的高层公寓，作为庆祝他20岁的生日礼物……

老实说，小伙的人生简直令人羡慕。看到小伙对这些奢侈品牌的习以为常，我止不住地在内心感慨，真的是贫穷限制了我们的想象力，原来出生在罗马的人天生就是能够无忧无虑的。那么，他为什么还要努力工作，追求自己笑星的梦想呢?

后来，我想通了。我想通了他身上真正令人羡慕的点：他哪怕家里真的有矿，不愁吃穿，却依然明白自己内心真正的所求。我想，他人生最大的幸运便是早就已经有了足够的资本能够让他不为五斗米折腰。但是人生公平的地方也正在于：在追求梦想这件事情上，不管你是否出生在罗马，你我都是一样的。小伙并不缺衣少食，甚至只要他愿意，他可以一辈子不工作，一辈子不努力。但是他偏偏选择了继续努力，选择了继续从事打从心底里热爱的脱口秀事业，而且每天都能够拥有和一群朋友讨论笑料的快乐。

那么，人生工作的意义是什么？人生还有什么比出生在罗马更重要的？我想，那一定是：他清楚地知道罗马并不是他的终点，而且他清楚地知道，自己的终点究竟在哪个地方。你看，亲爱的宝贝，即便我们的终点不是同一个目的地，我们却依旧拥有相同的实现梦想的过程。在你羡慕他生来就在罗马的时候，他也正在为了自己心中真正的“罗马”而努力奋斗。

亲爱的宝贝，我们工作的目的从不只是为了混点工资，追求稳定而安然度日。当你抱着这样的想法在单位里“混吃等死”的时候，你会发现，时代的发展与进步早已让你的处境如“温水煮青蛙”，等你某天回过神来的时候，只能空悲叹：这时间，都去哪儿了？

前段时间，有一个新闻让我至今印象深刻：一个中年妇女在政府门前撒泼打闹，歇斯底里地朝前来劝解的工作人员吼叫：“你们还我工作，你们这是让我活不下去啊！”乍看还以为是普通职工与政府间的民众纠纷，细细了解缘由以后让人啼笑皆非。20年前，这名妇女托人找关系为自己谋得了一份“铁饭碗”：在高速公路的路口边做收费员。时间一晃过去了，如今按照国家的利民新政，她所在的公路已经废弃了收费站，不再需要人工收费。这条公路线上所有的收费员都自动失了业。

路上的行人听闻了事情的始末，都在哈哈大笑，劝慰妇女：“你重新再找一份工作就是了，这年头找一份工作还不容易吗？”谁知妇女一听，更是悲从中来，对着路人大倒苦水：“我做了20年的收费员，什么技能都没有，如今除了会收费，其他事情我都不会做呀。”“哎，那是你自己没本事，关别人什么事啊，那么多收费员怎么就不见其他人过来闹呢？”路人一语道破真相，扬长而去，留下傻眼的妇女继续在那悲叹。

确实，不识庐山真面目，只缘身在此山中。当你每天浑浑噩噩度日的时候，你是丝毫觉察不到时间的流逝的。直到你某天可能因为某件小事抬头来看的时候，你才惊觉：原来不知不觉间，外面早已翻天覆地。因此，亲爱的宝贝，想清楚我们工作的真正原因与人生的目标所在，时刻保持灵敏的触觉，才能够让我们在时代的洪流中立于不败之地。人生工作的意义从来都不应该是利用所学让自己保持原地踏步，而应该是成为我们前进路上披荆斩棘的铠甲与保护罩，让我们能够有更多的勇气和实力奋勇上前。

你想要的稳定，只有自己能给

最近一个偶然的机会，看到了这样一段不明觉厉的话：生活是一个猎场。猎物的一生充满焦虑，被动等待，无法掌握自己的人生。而猎人选择主动冲击，创造美好生活，定义自己的未来。那么，你，是猎人还是猎物？

选择做猎人还是成为别人的一个猎物？曾经我以为这并不是能够完全由自己决定的一件事情，毕竟很多人拼尽全力能够争取到的或许只是别人不屑一顾的。但是当我有了拼尽全力去争取的一次体验之后，我改变了这种想法，开始明白人生的真谛。

可以说，创业以后，我听到的最多的一句话就是：女孩子为什么要这么辛苦呢？对我说出这句话的人总共有两个。

一个是与我从未谋面却在微信群里有很多次愉快交流的邻居。我甚至不知道他姓甚名谁，却因为相同的话题在同一个邻居群里有过很多次观念的交流。那一次，是我创业没多久，他来关照我的小生意，我向他描述我的理想和想要争取的结果。那时候的我，可以说正被一股创业的激情和对未来美好想象的憧憬之情拉动着，整个人都沐浴在自信和必胜的光环之下，我兴奋而又热切地向他表达我的想法，认为他一定能够理解我。然而，没有想到的是，他却对我说了一句："女孩子干嘛要那么拼呢？"听到他这句话以后，我愣了一下，老实说，我想过被拒绝，想过被误解，却从未想过会有人从性别这件事情上对我产生质疑。于是，我开始思考他为什么会这么说。想到他的工作单位，再联想到他的家庭背景，随即我就明白了他的观念来源，也就释然了他对我的"定位"。这名邻居在我们单位后面的管委会里面上班，属于体制内的编制人员，家中的父母长辈大多也都是在体制内工作的人。我虽然对他们的具体工作内容不甚了解，但是凭借着多年的生活经验和父母从小对我"考取公务员为荣”的期盼，我也能够理解在体制内工作的便利与舒适。想到这里，我没有反驳，只是回复了一个微笑的表情。生在温室里的小花，没有见识过外面的风雨，又怎么会明白历经风雨的洗礼过后，越发坚强的人生所带来的乐趣呢?

另一个对我说这句话的人是我的表姐，她从大学毕业以后就没有正经工作过。最长的一份工作持续了大概不到一年的时间，最短的一份工作大概也就做了个把星期。姨妈曾经费尽心思地将她安排进学校做代理音乐老师，等待表姐考取到相应的证书以后再寻机会转正，拿上一个“铁饭碗”。然而，理想是丰满的，现实却是残酷的。不知是表姐不够努力还是机遇不对，连续3年，表姐一直都没有通过最基础的资格考试。最终，姨妈的安排也只好放弃了。表姐也就一门心思嫁作人妻，相夫教子。工作上的事情就是看心情开始，随心情终结。这些年，每每见面的时候，我总是能听到她忙着做这个做那个的消息。每当听到她开始一项事业的时候，我总是替她开心并希望她能够有所成就。然而最终的结果却总是雷声大雨点小，久而久之，我便对她的言语不再轻信，每次听听就好。

老实说，我曾经很羡慕表姐这种优渥的家庭和不用为生计、为发展前途而发愁的人生。毕竟，良好的经济条件意味着人生有更多的选择，也意味着有更多的空间。由此，创业苦闷、失意的时候，我甚至会想，为什么不是我拥有这种资源呢？因为我坚定地认为，假如是我拥有了这种资源，我一定能够有更好的发展。因此，当表姐对我说出这番话的时候，我没有丝毫的惊讶，这符合她对自我的定位和目标。于是，我实话实说："既然没有伞，下雨天，我就只能加快速度跑步啦。"表姐没有回复，我们也便结束了对话。半个多小时以后，我看到表姐开心地在朋友圈里晒着刚拿到手的名牌包包，顺手为她点了个赞。

人生有很多种不同，不同的家庭条件和生长环境造就了我们不同的气质与人生。尽管有很多我们无法改变的客观因素，但是人生的大部分走向还是取决于我们的主观能动，还是掌握在我们自己的手中。因此，学会认清自己所处的环境，学会为自己争取想要的生活，而不是随波逐流，逆来顺受，破罐破摔。

我生长在一个普通的农民家庭，父母一直都希望我能够从事一份稳定的"铁饭碗"工作，因为在他们一贯的了解和认知里，世界还是原来他们年轻时的模样。或许，父母的本意都是善良并且单纯的，他们只是希望自己的子女能够一世平安，永生欢笑。于是，他们竭尽所能地为我们铺设或者预想好了他们认为最万无一失、最稳妥保险的人生道路，然后殷切地希望我们能够按照他们的设定毫无偏差地幸福快乐下去。只是，时代的发展和变化实在太快，实在太大，快到超出了他们的想象，大到突破了他们的认知。我们能够依赖父母给予的教育方式，却不能一直躺在他们给到的高度上并认为这就是天空的顶。否则只会让我们越来越被落下，越来越被约束。就像井底的青蛙，从来没有看到过外面的世界，又怎么会认识到自己的狭隘呢？因此，亲爱的宝贝，请你相信，站得越高，看得越远。而想要站得越来越高，并不是只能依仗一个显赫的家庭和经济实力足够强大的父母。确实，如果能够拥有得天独厚的客观条件，这是你的幸运所在，但如果没有，也没有必要垂头丧气、妄自菲薄。我们还是能够依靠自己走得越来越远，站得越来越高。

你所认为的稳定，有可能只是在混日子

最近，“混日子”似乎突然变成了一个网络热词，很多人都开始讨论这个话题。最先引起话题的是360集团的创始人周鸿祎发布的一篇文章，文章里说：在公司混日子的人，最终伤害的其实是自己。很多人在下面评论说：彼时看以为这是资本主义式的洗脑，十年过后再来看，其实说得一点都不错。

确实，睁开眼看去，世界每天都在加速抛弃混日子的人。我们总是不断地在新闻中看到或在别人的口中听到某某大公司大规模裁员或急速发展人工智能的消息，让我们危机感满满。

或许，会有人想问，到底什么样的状态叫作混日子呢？我又该怎么判断自己是不是在混日子呢？我的答案是：如果3年以上，每天总是见到和自己差不多的人，那就说明你在混日子。解释一下，就是你总是每天见到和自己差不多的人，也总是每天做着差不多的工作，没有质变和突破。

其实，这个认知并不是我自己想当然出来的，第一次听说这句话是在一个学长口中。七八年前，那位学长当时是一名报社的记者。当时微信还没有普及，公众号的概念也还没有出现，报纸仍然是大众获取信息的主要来源。因此，当时如果能够在报社里上班，可以说是一份非常令人羡慕的工作，不少媒体记者的月收入都能够轻松过万，一些报社的年收入广告动辄就是数亿元。就在这样的火热背景下，这位学长却选择了辞职，投身到当时还不被看好的新媒体领域。许多人都很不解，包括我在内，于是，我抑制不住地询问学长为什么要离职。他的回答令我震惊，并刷新了我的认知。我原以为他会说出一堆有关上司、有关单位的负面能量，没想到学长却很认真地对我说："我已经是这个报社的资深记者了，我每天都在做着同样的工作，见到的都是和自己一样的人群。长此以往，我能够保证自己不会被淘汰，也可以确保自己不被超越，但我肯定也见识不到更大的世面。如果再这样继续待下去，没有质变的突破，我就是在混日子了。"那时的我其实并没有完全听懂学长的话，但是现在想来，这确实是我听到的有关职场最生动形象的描述了。

其实这样的道理很简单，每天都见到和自己差不多的人，做着差不多的事情，说明自己其实是可被替代的。或许你承认自己可以被替代，却并不认为自己没有积累，更不愿意承认自己是在混日子，稳定和舒适的现状正是你一直梦寐以求的。但其实，这是舒适却未必是稳定，这只能说明你的工作状态非常的平庸，仅此而已。说到底，你没有专属于自己的本事，也没有主动成长的意识，当更优秀的人到来时，你其实随时都有可能被取代。那么，辩证来讲，你现在的这一切，不是混日子，又是什么？人总是容易在自己的舒适圈里面称王称霸，因为在这个巴掌大的圈子里面，他们看到的都是和自己一样甚至不如自己的普通的人。但如果将他们放到一个更大的世界里面，他们的优越感会迅速消失，心理承受能力弱的人可能直接崩溃。因此，亲爱的宝贝，每天总是见到和自己差不多的人其实并不值得炫耀和开心，这只是表明你所在的圈子其实非常弱。你的同事们并没有比你优秀太多，难以激发起你奔跑和追赶的欲望，久而久之，一直生活在这个没有危机感的圈子中的你，最终的结果自然只能是混日子。

这其实是一个很可怕的恶性循环，每天见到一样没有变化的同事，交谈的不是不见起色的生活就是各自乏味的生活伴侣，要么就是对公司前途的忧心忡忡和无能为力。你甚至不知道你们每天互相分享的目的是什么，从来没有关于未来的惊喜，也无法点燃你内心的火，你以为你是在混着自己的工资，混着公司的工作，但其实，你混的是自己的明天。

曾经在网络上看到过这么一句段子：你背井离乡好几年，不努力奋斗走向成功，难道是为了做卧底吗？确实，亲爱的宝贝，我们既然每日辛苦地工作，如果不是为了赚更多的钱，也不是为了实现自己的梦想，而仅仅只是为了混点时间，混点日子，那会不会太可惜？

亲爱的宝贝，人生路上如果你总是能够见到很多比你优秀的人，其实说明你正在走上坡路，你所需要做的只是继续加油，不断精进。而当你总是看到和自己差不多的人，甚至总是看到不如你的人的时候，那就说明其实你已经开始混日子了。这时，亲爱的宝贝，你需要的正是改变。生活中有一些人，他们早已实现财富自由，只要他们想便可以心安理得混日子，但他们即便已经到达了你我所认为的人生巅峰，也从不会就此开始混日子，而是继续不断精进。因此，亲爱的宝贝，既然你还年轻，既然你还没有这个资格开始混，那就请鼓起勇气，不再懒惰，从现在开始，从当下开始，选择努力，选择奋斗，选择加油。

成功需要你学会耐住寂寞

大学同学毕业十年聚会的时候，发生了一件有趣的事情。朋友A是一个小编剧，勤勤恳恳写了七年的剧本，依旧属于行业内的新人层级。同行过来的一个朋友是程序员，在单位研究了超十年的技术，现在还是个不痛不痒的基层管理员。整个聚会过程中，两人都非常羡慕一个从事自媒体的同学，只花短短一年的时间，就积攒了百万粉丝，一路旗开得胜。于是，整个聚会的过程中，这两人都在很丧气地感叹这个时代的不公平和虚无，感叹变化的无可预知和自己的各种不赶趟。其实，很多话当着他们的面，我没有好意思说出口：在我看来，这个世界本就不存在绝对的公平，但值得欣慰的是，我们其实已经活在了机会最多的时代。就像我这个同学A，以及他的这个程序员朋友，仔细交谈，你会发现，他们两人对自己的职业其实谈不上多少热爱，或许只是当成了一份谋生的职业，混混度日而已。而反观那个做新媒体的同学，虽说只是在一年前开始创立自己的公众号，但是在她狂揽百万粉丝之前，在写作这件事情上，其实已经坚持有十年之久。

很多时候人生其实就像有人曾经说过的：“怀才和怀孕其实都是一样的，只要有了，早晚都会被看出来。你抱怨自己怀才不遇时，先不要从别人身上找原因，先看看你自己，其实是因为你怀得不够大。”

有这样一个天才少女，年仅7岁的时候就开始学习写作，9岁那年就写成了著名散文集《打开天窗》，18岁高考就被清华录取，大学毕业以后，人生更是一路开挂，担任了《新周刊》杂志的副主编。最近更是更加频繁地活跃在大众视野里面。而她就是被称为“天才美少女作家”的蒋方舟。

有关她的出名，很多人都归咎于她的幸运：因为网络的发达，才让我们早早地挖掘到了这个天资聪颖的小姑娘的傲人才华。确实，生在这个网络通信特别发达的时代里，蒋方舟无疑是幸运的。通过网络，不光能够让她的著作迅速进入大众视野，更能够让她自己获得更多的信息资讯，不光能够与众多读者在网络上一对一沟通，更能够出国和国外的年轻作家交流。“这一点，是我觉得特别幸运的一点，因为网络让我有机会变得更为广博，也拥有了更多的发展机会。”蒋方舟在一次接受记者采访的时候总结道。

但是，网络的发达就是蒋方舟成功的所有原因吗？你我都知道，必定不是。否则，为什么只出了她一个蒋方舟，而没有其他的张方舟、刘方舟？我想，蒋方舟幼时的经历能够给出一个很好的解释。

蒋方舟的妈妈是一名人民教师，每天下班的时间比较晚。于是，妈妈每天将她接到自己的学校并安置在图书馆里，小小的蒋方舟就会一边安静地看书一边等妈妈下班。这样的经历也造就了幼时的蒋方舟早已比同龄人积攒下了更多的阅读量。我想，也正是那段安静又专注的阅读岁月，才是成就她的未来。她才能够有朝一日等到机会降临的时候，顺利搭载上时代的快车，一马当先。

所以，人生就是这样，无论在什么阶段，做什么事情，其实都没有捷径能够让你一蹴而就。就像选择阅读书籍，并不会在当下就有立竿见影的好处，但是毋庸置疑的是，阅读会给你带来更广阔的视野。再比如，养成一个好习惯，其实这个过程并不是容易的，但是一旦形成，就能够让你持久获益。因此，亲爱的宝贝，不要再因为短时间内看不到回报就拒绝努力，其实你拒绝的，正是自己未来的一个发展机会。请你相信，如今你的每一份付出，每一份坚持，每一次成长，都会在未来的某一天或某个节点上，帮你成为更耀眼的自己，帮你离自己的梦想更进一步。

生活在现在这样一个快速发展的时代里，我们有太多的渠道和方式去了解到这个世界上最新鲜的资讯和新闻。这是生在这个时代所拥有的便捷与优势，但在某种程度上也是对我们定心和定性的考验与磨炼。

生活在如今这个到处都是机遇的时代里，我们该如何做才能脱颖而出呢？这是值得我们不断思考的问题，也是我们应当慎重考虑的问题。而幸运的是，这个时代，总是不缺少走在我们前面的人。一个数字与社会化营销的专家给了一个具体回答："从这个大趋势看，世界正在变得越来越扁平，能够让最优秀的人才在最短的时间里完成最有挑战的事情，同时能展示才能的出口越来越多。想要脱颖而出的话，最简单的办法其实就是培养自己写作和说话的能力，最后再加上充分的胆量，千万不要偏安一隅。那些只会埋头苦干却不懂得展示自己的人，一定会被淘汰的。"总结而言，写作、说话和勇气，是这个时代强有力的竞争力。就像是温瑞安曾经说过的："真正的才人，对恶劣的环境自然是会去克服和突破的，只要再加上一点运气，配合时机，或者有一点儿耐心，是没有怀才不遇这回事的。"确实，亲爱的宝贝，渐渐地，当你的人生有了足够多的经历以后，你会明白：所谓的怀才不遇，只是你的才能还不够罢了。与其抱怨与焦虑，不如沉淀自己，默默努力，然后静待花开。当你选择相信这个时代的时候，其实更要选择相信自己。

有句话叫作"耐得住寂寞，才能守得住繁华"。亲爱的宝贝，当你能够坚守自己本心的时候，当你学会坚持、学会拥有坚如磐石般的意志的时候，当你学会朝着自己的目标坚定不移向前进的时候，这份坚定和执着总会让你等到属于你自己的发展契机。亲爱的宝贝，你若盛开，清风自来。当你沉下心来，不断努力，默默积攒，坚定不移地相信自己，最终，一定能够迎来属于你自己的曙光和明天。

面对意外，保持情绪稳定

周末跟朋友一起出去逛街的时候，发生了这么一件小事。

我和朋友抱着“周末的大好时光不能浪费”的美好原则，一拍即合地到郊外野餐谈心，还准备下午去逛商场血拼，再一起吃个晚饭看场电影，然后愉快地结束这个周末。谁知刚到目的地没多久，朋友的手机响了。只见她前一秒还阳光明媚的笑脸转瞬间就乌云密布，我看到她拿起手机，越走越远，语气也从一开始的烦躁变成了明显的不耐烦。我站在远处，也能大致听出应该是工作上的事情。朋友的眉头皱成了一个川字，最后也不知道对方说了一句什么，就听朋友说了一句“我才不去”，随之狠狠地摁掉了电话。

见我满脸疑惑地看着她，朋友才平复了一下心情，耐心跟我解释道，本来周五的时候领导安排了一个新同事周日去出差，谁知直到今天周六下午了才接到通知，同事临时有急事去不了。而她在部门里资历尚浅，这等苦差转了一圈就落到了她头上。原本自己资历尚浅，如果能有机会锻炼一下，应该是一件非常开心的事情。但是这次出差不光时间紧张还带着非常艰巨的任务，她手头上什么资料都没有，这么短的时间内也很难做好充分的准备，如果就这样贸然答应了，最终的业绩完成不了，结果只会相当难看。但是领导却指名让她去完成，她根本就没有反抗的余地。朋友临危受命，所以心生怨愤。

于是，我们原先设想的晒太阳享受生活变成了对各自单位的“吐槽大会”，朋友不住地唉声叹气，一直抱怨着说本来今晚打算看电影的，结束以后还想要再聚会一下，这下全都泡汤了。本来春光灿烂的周末就此结束，今晚不光要回公司加班加点准备资料，明天还得起一个大早去赶飞机。朋友越说越生气，我们的野餐之旅根本就没有办法进行下去，更不要说下午的商场之旅了，最后几乎所有的店都只是走马观花，遇见漂亮的衣服也完全提不起兴趣，眼睛一直不停地看着手机，表情也全然没有了悠闲，整个人就好像被自动上紧了发条，好心情就此一去不复返。眼看着朋友魂不守舍，我也失去了逛街的兴致，最后我们匆忙地告了别。就这样，因为朋友公司的一个小插曲，破坏了我们难得的一整个轻松愉快的下午。

生活的忙乱使我们的情绪大开大合，不光会影响到我们正常的生活，更会让我们白白浪费原本美好的时光。有这样一句格言：事急则缓，事缓则圆。人生中的很多时候就像是取盒子中的巧克力，在没有真正吃进嘴里之前，你永远都不会知道它真正的味道。因此，任何时刻，遇到再突然的事情，都要先记得深吸一口气，然后平复心情，一点一点地抽丝剥茧，把事情捋顺，再对症下药地去处理，切忌慌乱，切忌六神无主。只有心稳定了，我们的脚步才不会慌乱。

而我之所以会有这么深刻的体会，主要是源于我刚开始工作时认识到的一个女孩。当时也出现一个小插曲，遇到的情况差不多，那个女孩却是截然相反的一种处理方式，最终的结果也令人印象深刻。

那一次，我们几个人约着一起去一个新开业的景点游玩，当晚就在那边住下，然后第二天再逛商场唱歌。我们买好门票坐上大巴车走了一段时间以后，女孩突然接到一个电话，原来是她的大学同学毫无预兆地过来找她了，人生地不熟的，正在火车站等着女孩的接应。我们听到事情始末的时候纷纷炸了锅，一个个埋怨连连，仿佛这件事情真的发生在了我们自己的身上，竟然一点久别重逢的喜悦都没有，只剩下满心的牢骚和不愉快。

而就在我们纷纷替她不平的时候，女孩只是在刚接到电话的时候错愕了一下，她挂掉电话后立即做出了一系列的反应。既然游玩肯定是继续不了了，女孩就立刻先打电话联系酒店退掉了晚上住的房间，紧接着又联系了返程的车，还给她等在火车站的同学规划好了地铁路线，约定好了见面的时间和地点，整个过程既不慌乱也没有抱怨，很快就妥善处理好了这个小插曲。后来，我们在朋友圈里看到她晒出的图，虽然旅游泡汤了，但是同学的突然到访一点没有影响到她的心情。她带着同学逛遍了整个北京城，老友见面两个人脸上都是难掩的激动和喜悦。

人生就是这样，生活从来都没有下集预告这一说，也永远没有人知道在下一秒会有什么样的改变。因此，当你决定不了事情发展的时候，你可以换个想法决定自己的心情和处事方式。生活中的我们总是会有这样的经历：越是手忙脚乱的时候，我们的情绪越是会高高低低，很多事情也就越不容易处理得当。只有学会心态平和的时候，学会去坦然面对并用开放的心态接受生活中的小插曲的时候，我们才能够将生活中的坑坑洼洼一点点地填平夯实，才能不让焦虑成为控制我们大脑的主人，才有可能将命运的低谷变成我们人生的高潮。

亲爱的宝贝，人生在世，我们每个人的生活都会有忙乱的时候，而我们每个人的行事处事风格其实都是由我们自己的内心所决定的。只有学会沉稳，学会心态平和，学会将事情抽丝剥茧，逐条理清，减少无谓的埋怨吐槽，将所有的时间和精力都用在处理危机和插曲上，稳扎稳打，我们前进的脚步才会越来越稳健。

第03章 梦是做出来的，不是想出来的

有人说，做人如果连基本的梦想都没有，那跟咸鱼有什么区别？确实，有所经历后的我们会越来越懂得：只要我们对未来报以希望，就会自觉感受到有一股力量在引领着我们不断前进。即便你上一秒还在抱怨连连，下一秒却仍会向前奔走。因为你我都知道，所谓梦想的实现，从来都是做出来的，而不是想出来的。

一无所有，其实更胜于你拥有一切

年初聚会的时候，有一个朋友突然对我的写作职业产生了兴趣，跟我交流了很久。她说自己在家乡的工作已经非常稳定了，工作内容做起来相当得心应手，但是想要上升到更高的一个层级和阶段却有一些实际困难，因此很想尝试一个副业。思来想去，认为不如花时间和精力弄一个属于自己的公众号，没有过多的金钱投入，她自己对于写作也很感兴趣，非常憧憬这种提着笔记本就能到处上班的生活。于是，我们交流了不少有关于选题、出版、读书的话题，后来，朋友信誓旦旦地表示一定要像我一样开始坚持写作。

聚会结束以后，我们便开始了各自忙碌的生活，再次联系到她已经是3个月以后了。我联系到她，询问她进展得怎么样，有没有需要帮忙的地方。可谁知，她竟然一点进展都没有，不光一篇文章都没写过，就连一本书都还没有读过，更不要说有关公众号的任何进展，写作就这样成了被束之高阁的梦想。翻看她的朋友圈状态，不是在淘宝上购买到了什么好玩的物件，就是哪里的食物好吃，游戏好玩，景点好看，却一直还在强调自己整天有多忙，没有多少时间来弄自己的副业。

生活中的我们其实经常会遇到这样的情况，年初的时候信誓旦旦地许下一整年的新年愿望，想要改变自己，对很多事情总是跃跃欲试，最后却不了了之，在思想上可以奔驰千里，在行动上却寸步难行。于是，等到年末回顾的时候，才发现，什么也没有完成。这点在心理学上其实有一个专业理论，叫作认知失调，指的就是在我们的行为和自我概念相互冲突的时候，其实我们的内心是不舒服的。然而为了消解这种不舒适感，我们总是会去下意识地扭曲自己的观念，也就是为我们自己的行为寻找心理安慰，进行自我辩解。这也就是我们都爱为自己的拖延找借口的原因所在。但是，你我都知道：一直躺在自己的舒适区里怡然自得，而从不愿真正突破自己，这样的结果只会是将今日的焦虑留到明日，将焦虑的雪球越滚越大，直到最后超出你的负担，将你逼至崩溃。

亲爱的宝贝，请你记住：无论你的工作、生活有多么忙碌，都应该抽出一点时间读书写字，只需抽出一点时间看看书籍，写写文章，将你的过往总结思考，你就能够在无形当中提高自己的修养。因为读书的生活最能够丰富思想，而写作的时光也最能够让你思考，启迪你脑海中的智慧。

创业的过程当中，经常会遇到这样一种人：一开始，他被你的激情和梦想感染，抑或是在你身上找寻到了他曾经想要追寻的梦想，于是兴致勃勃地表态一定会跟着你一起撸起袖子好好干。然后仅仅过了一个星期，等你再次询问他的时候，却发现这被点燃的梦想就像是星空中的烟花，转瞬即逝，消失得毫无踪迹。不等你去问及原因，他自己就会给你找出一堆的理由：工作忙没有时间，家中有老人和小孩需要照顾，实在是没有那么多的精力再腾出来，自己家经济状况也很一般，没有那么多的时间能够浪费在创业上，不如还是稳妥一点，虽然赚得少一点，倒也不操心……诸如此类的借口有很多，当你劝解他再坚持一下的时候，你会发现他的坚定态度超出了你的想象。于是，很多次的时候，我都在想，如果你能够将对生活的这份舒适的迷恋，分出一半甚至三分之一给坚持，你还担心不会成功吗？这诸多的原因听来是源于我们什么都不曾拥有，但其实，只是我们未曾发现自己所拥有的一切而已。

就像是曾经有人说过的：生活中本不缺少美，缺少的只是发现美的眼睛。深以为然。这个世界其实从不会辜负任何一个默默努力的人，也不会偏爱任何一个不劳而获的人，很多你所看见的一时的“大运”不过是别人生活中的意外时分，如果你成天将别人的幸运当成是他的日常，而将你生活中偶尔的失败和沮丧当成是人生的常态，这只会是自寻烦恼，甚至自我否定。因此，亲爱的宝贝，不要总是惦记自己的失败和不幸，任何人努力奋斗都有可能会失败。如果每个人的成功都来得那么容易，这世上又怎么会有那么多的平庸人类呢？生活其实永远都是充满希望的，你所要做的只是学会常常抬起头，看看沐浴在你身上的阳光，然后重新拾起信心，继续奋斗。

亲爱的宝贝，下次不要再逢人就抱怨你的一无所有，其实只要你想，你就能够立刻变得拥有一切。你可以拥有坚持、拥有耐心、拥有恒心、拥有坚韧、拥有自信等，这一切都应是上天平等赐予我们每个人的宝贝，只看你是不是真正地选用起它们来。确实，如果你选择努力奋斗，有可能还是会遇到失败。但是只要你想，只要你选用坚持与耐心这两件宝贝，相比较于什么都不曾努力争取，其实你就已经赢了。亲爱的宝贝，在这坚持的过程中，不要太在意别人的眼光和你所谓的自尊。只有你成功以后，你才会认可：这世界其实从不在意你奋斗过程中的自尊如何被削弱或践踏，人们记住的只有你最终的成就。在你没有成功之前，你所谓的自尊只会成为你的羁绊和枷锁，让你在冲往成功的道路上越走越慢。而等你成功以后，你的自尊会让你的成就更加饱满，更加值得别人钦佩。这世上没有一份工作是不辛苦的，也没有任何一次成功是不艰辛的。但是有的人能够成功，有的人最终却失败了，其实主要的区别就在于：在那些尚未成功的，看不到希望的日子里面，你有没有选择继续坚持下去，你有没有选择继续拥有耐心，你有没有选择继续拥抱恒心，拥抱你所能够拥有的一切宝贝。

立刻行动，才能赢在终点

曾经有一个前辈，年纪比我只大了一点点，却早已经出版了好几本畅销书籍，算得上是一位高产作家，这点令我非常羡慕。有一次偶然在一个场合遇到了，我便向他请教为什么有的人能轻轻松松写出很好的故事，而有些人绞尽脑汁也写不出来。他回答我，其实大部分人都能够写出很好的故事，只是看你敢不敢。这个回答给我的触动很大，甚至让我豁然开朗，因此记忆深刻。

回首自己刚刚开始写作的时候，其实也会有这样的烦恼。最初的时候，拿到一个题目，就想要写好一个故事，总是要在脑海里构思好多遍才开始码字。这样一来，其实浪费的时间是很多的，最终的效率也很低，总是感觉写作是一件非常困难的事情。后来有一段时间，因为截稿日期距离太近，没有那么多的时间让我浪费，我便逼迫自己坐下来“盲打”，经常只是刚刚想出来一个开头就肆无忌惮地开始。然而，意想不到的是，我曾以为的盲打却让我的思绪越写越开阔，在边写边构思的过程中经常会有新的想法冒出来，故事仿佛自己拥有了生命，并最终很自然地走向了一个应有的结局。

其实凡事都是如此，只有勇敢地迈出第一步，后面的第一百步才不会看起来那么遥不可及。很多时候，很多人都喜欢谋定而后动，这其实是没有错的，但是一直筹谋下去而没有任何开始的行动，其实最终的结果只会是浪费思考的时间和精力。很多时候，行动的意义其实并不单单是将你目前的计划付诸实现，而是你前进方向上的导师，会给你带来意想不到的收获。正所谓山重水复疑无路，柳暗花明又一村。如果一直待在原地，从未开始行动，从未迈出自己的第一步，纵使前方的道路真的是柳暗花明，但你没有走过去，又怎么能看得到呢？因此，亲爱的宝贝，心中有激情，想要追求梦想的时候，就请立刻付诸行动，而不要浪费我们的时间，浪费我们的生命。

每当看到电视中的考古学家挖掘出几千万年前的各种石器或者青铜器的时候，我都会为人类进化的自然智慧而赞叹不已。从古至今，生物甚至宇宙的进化论都是如此的迷人和优秀，即便不清楚具体的演化过程，但毋庸置疑的是，任何一件物品都是从一开始的被设想、被使用，继而在使用的过程中不断地被发现问题，又有人提出更好的解决方法，提出更好的优化方案，最终才能够流传下来并成为经典。由此可见，立刻行动的能力是我们人类能够发展至今以及越变越强的基础，也是发展速度快于其他生物的原因所在。试想，假如没有第一个行动起来制作石斧的人，又何来我们现在被广泛使用的手机呢？现实正是如此，我们人类拥有无比强大的发散思维，我们的脑海中有着无穷无尽的宝贵财富，我们能够对一件事物进行多种假设、多种猜想，我们甚至能够规划自己的未来。但是构思的蓝图再美好，如果缺乏实际的行动，最终的结果也只能是空构思，没有一点现实价值。因此，亲爱的宝贝，当你仰望你认为已经站上人生巅峰的那些人时，当你以为他们一定是有着优于你的发展基础而对命运的不公充满怨愤时，花点时间看看他们的访谈记录，花点时间学习一下他们的奋斗经历，你会发现：并不是你输在了起跑线上，而是他们赢在了终点线上。因为他们总是行动得比你早，行动得比你快，仅此而已。

心理学家曾经对成年人和小孩子的学习发展模式进行研究，得出了一个令人震惊的事实：小孩子的学习速度非常快，快到令成年人望尘莫及。经过多组数据和结果的论证，心理学家认为，小孩子相比较于成年人，其最大的优势其实就是在于他们从不怕出错。小孩子总是很大胆，刚刚开始学会几个音节的时候，就敢咿咿呀呀地说话。他们的脑海中没有“计划”这一名词，因为他们总是边想边做，思维非常跳脱。他想要画画，就一边画出一个小房子，一边告诉你：“我正在画一栋小房子。”画完以后，他看看房子，又在屋顶上画烟囱，并且告诉你：“这栋小房子上面还有一个烟囱。”逆向思考，你会发现，想要让一个小孩子构思一个有窗户还有烟囱的小房子其实是很困难的。但是让他们给一栋已经成型的小房子添加窗户和烟囱却是一件相对来说容易很多的事情。由此，我们可以得出这样的结论：行动力不管对于成人还是小孩来说，都是我们实现所思所想的落脚石，也是我们不断取得进步的加油站。

因此，亲爱的宝贝，请你相信：读万卷书其实远不及行万里路。只有认真努力，刻苦行动，好好地出去观看过这个世界，你才会有资格跟别人说起你的世界观。很多时候，人生中的很多事情其实并没有我们设想的那么难，而我们之所以没有做到，也不仅仅是因为我们的能力有多么的不足，而有可能是因为你思考得过于长远，而行动能力却止于当下。生活中的我们其实都会过分夸大运筹帷幄的必要性，都想要在思虑周全、万无一失的时候再去挑战现实。但其实，就像是发现新大陆的哥伦布一样，其实他一开始远行的目的并不在于此。因此，亲爱的宝贝，不要羡慕那些已经跑在前面的人，世界变化万千，即便你输在了起点，但是只要立刻开始行动，你还是会有可能变成那个赢在终点的人。因为行动才是我们最好的思考方式。

任何人的成功，都需要脚踏实地

2018年年底，我们的朋友圈里曾被这样的一条新闻刷了屏：“刘德华突然失声，宣布中途结束演唱会。”说实在话，我并不是华仔的忠实粉丝，也从未关注过他召开演唱会的具体安排，但还是被这条新闻吸引了关注，想要一探究竟。了解了来龙去脉，我被刘德华这拼命的精神所感动，也为他中途无奈放弃的结局而唏嘘。

我不清楚到底是什么样的原因和态度，让刘德华时隔7年，在57岁的高龄，在医生百般劝阻他演唱的情况之下，还是坚持计划了20场的演唱会。这样的安排无疑是让广大华仔粉丝喜大普奔的，于是，开售的演唱会场场爆满，无一空缺。然而不承想，在第14场途中，刘德华站在舞台中间，在半空中对着上万的观众，不断抹泪，不停道歉，深深鞠躬。直到演唱到第3首歌《如果有一天》的时候，他突然失声，最终不得不选择中途终止演唱会。

曾经在前面的某场演唱会上，刘德华和台下的歌迷打趣道："我都老了，你们还没老啊。"演唱会结束的时候，歌迷们久久不愿离场，刘德华就在舞台上躺着和大家撒起了娇："我已经50多岁啦，已经比不了你们啦……你们实在是太厉害啦……"

被挟持的这众多粉丝沉重的爱，要命吗？歌迷们说宁可加钱也不想走，于是刘德华在台上说要跟所有人一起通宵。只是，57岁的他，真的是有些受不住了。刘德华站在半空中，泪流满面，声音嘶哑哽咽："大家听到我唱歌的声音，也知道我没有好好照顾好自己的身体，其实刚刚医生也叫我最好不要再继续唱下去，但是我真的舍不得。但是没有办法了，我真的不想这样。不想大家全晚听着我这样的声音，所以我唱完这首歌，今晚的演唱会就要停止了。之后的工作，我会慢慢交代，我希望能够尽自己最大的努力完成这首歌。只要你们仍然想着我，我将来一定还会再唱给你们听。今天真的唱不了了，不好意思。”听着四周到处传来的加油声，刘德华擦了擦眼泪，继续说道：“我希望尽最大努力完成这首歌。”妻子朱丽倩在台下站起来为他加油打气，台下的一众歌迷在突发状况中还没缓过神来，却也都一边说着“没关系”，一边红了眼眶。此情此景，那个出道了几十年，却还在一直拼命的刘德华，让人不能再心疼。

或许有人说，这么大年纪还出来安排这么多场演唱会，还不是为了出来圈更多的钱吗？诚然，有经济方面的因素，但我想，以刘德华今时今日的身份和身家，一定不用只是为了那一笔钱而如此为难自己。想来，刘德华从来都不是什么天才型的人，就在20世纪80年代末，刘德华初出茅庐开始拍戏的时候，能接到的也都是一些“跑龙套”的小角色。那个时候的他很想唱歌，却经常被人批评“没那个天赋”。奈何，谁也挡不住他的“厚脸皮”和那一份坚持下定的决心——他从不会放弃任何一个能够让他表现自己的机会。

有一次，他跟林子祥等一众明星合作拍戏的时候，逮住一个空档，就主动站起来说：“我给大家唱首歌吧。”要知道，林子祥可是当时乐坛大哥大一样的人物，刘德华这个新人却敢当着他的面要求献唱，这不是班门弄斧吗？刘德华说：“我就唱两首歌，你给我指点指点，提提意见吧。”结果是，他真的唱得很烂，在场的人全都笑了，笑他的不自量力，笑他的自取其辱。没想到，林子祥却说：“我觉得你嗓音蛮特别的，之后可以常来我的录音棚玩一玩。”就这样，在歌唱这条路上，刘德华遇到过这样那样的艰难困阻，但这些从来都没有成为阻碍他继续下去的理由，他还是照样“厚脸皮”地寻找着一切能够让自己进步和受益的机会。后来，谭咏麟对他说：“你要唱歌，就得付出比我更多的努力。”香港“音乐教父”戴思聪告诉他：“你不会是第一名，但我相信你会是个好学生。”他跟着戴思聪学习，嗓音不好，就发掘特色；音准不对，就一遍遍地唱，一遍遍地磨炼校正。

后来，刘德华开始自己写歌词，一开始，他就被作词大师黄沾当众大骂“狗屁不通”，而这一骂就是3年。很难想象，华仔是如何坚持下来的，而结果就是，他做到了。终于，几年之后的某一天，再次见到黄沾的时候，华仔有点委屈地说：“你不要那么用力地骂我，好吗？”而黄沾这时却说：“不要放弃，人都会进步的，我骂了你3年，但是现在我已经不想骂你了，因为你现在的作品，我能听懂了。”终于，1990年的一曲

《再会了》，让这个“永远都不是第一名”的学生，拿下了最受欢迎男歌手奖。之后的《忘情水》《爱你一万年》造成了多大的轰动自不必再多说。

刘德华说：“行内的人都知道，我从来没有说过自己是天才，只要是我认定要做的事情，我就会死命地去做，仅此而已。”确实，亲爱的宝贝，不论是哪位成功人士，当你向他们询问何为成功秘籍的时候，他们的回答总是出奇的一致——幸运加上努力。

亲爱的宝贝，我们的生活其实就是一条永远向前的河流，身处其中的我们实在无须频频回首昨日，更不必把空想都寄托在明天。而只有脚踏实地过好今天，找准自己的目标，向着这个目标一步步地向前进，脚踏实地去走好当下的每一步，才有可能在未来一路欣然。我知道，遇到挫折的时候，我们总是会很容易悲观，总是会觉得自己不管怎么努力，还是到达不了梦想的彼岸。但其实，人生对于任何人都是一样的没有捷径，不管你的起点在哪里，总是会有你需要面对的那些问题，那些困扰，并且只有自己真正经历过才能得到解决。就像是刘德华，已经获得了你我眼中如此巨大的成就，也还是会经历诸多的无可奈何。因此，在努力的路上，不要觊觎别处的精彩，更不要分心让自己摔倒。其实你只管走好自己脚下的路，剩下的交给未来，你自不会差。

超强的行动力，是你成功的不二法门

亲爱的宝贝，你我或许都知道人生从没有捷径，但却鲜有人知道行动力才是对平庸生活最好的回击。曾经听过这样一个笑话：

有一个人总是隔三差五就会跑到教堂里面去祷告，并且他的祈祷词几乎每次都相同。第一次他去教堂的时候，跪在圣坛面前，虔诚地低语："上帝啊，请您念在我多年来如此敬畏您的分上，让我中一次彩票吧，阿门。"

几天以后，只见他垂头丧气地回到教堂，同样跪在圣坛面前祈祷："上帝啊，您为何不能让我中一次彩票啊，我愿意更谦卑地来服侍您，只求您能够让我中一次彩票，阿门。"又过了几天，他还是一样虔诚地跪在圣坛面前祷告。就这样，周而复始，从不间断。

几年后的一天，他再次来到教堂祷告，跪在圣坛前面："我的上帝啊，您听不到我的祈求吗？我是如此虔诚地向您祷告，只想要您能够让我中一次彩票。只要一次就好，就能够让我解决目前遇到的所有困难，我真的愿意终身为您奉献，专心侍奉您……"他的祷告还没有结束，就听圣坛上发出了一阵宏伟而庄严的声音："我一直都在垂听你的祷告，但是，在我答应你的祈求之前，你能告诉我，你什么时候去买第一张彩票吗？"

如此啼笑皆非的笑话听来不可思议，却一直存在于我们的现实生活中。确实，如果连最基本的尝试都没有，又何来成功的机会呢？这个道理很多人都懂，但是真正能做到的却没有几个。就像著名主持人蔡康永曾经说过的一段著名言论："15岁的时候觉得游泳很难，你放弃了，等到你18岁的时候遇到了一个你很心动的男孩子约你一起去游泳，你只好回答对方'我不会耶'；18岁的时候觉得学习英文太难了，你便放弃了英文，等到28岁的时候出现了一个很棒但是需要会英文的工作，你又只好回答说：'我不会耶。'"确实，人生就是这样，前期越觉得麻烦，越懒得学，后期就越容易错过那些让你心动的人和事，错过崭新的风景。而只有行动，只有立刻行动，才能让你离自己的梦想越来越近。

亲爱的宝贝，这世上所有的成功都需要先有积极的行动。只要你承认你对未来的生活有希翼，那么请你务必相信：在通往未来成功的这条路上，你最不可或缺的品质之一，就是行动力。行动力，可以说是我们对于平凡生活和平庸工作状态的最好回击。

就像前几天看到的这样一则让人心潮澎湃的新闻：

现年56岁的本亮大叔，热爱摇滚和唱歌，一个偶然的机会得到了一把破吉他。本亮大叔对这把破吉他爱不释手，便将这把破吉他一起带回了老家，从此，即便从未受过专业的唱歌训练和电吉他的学习课程，本亮大叔还是凭借着自身强烈的兴趣爱好，不断摸索学会了弹唱。

后来，本亮大叔变成了一个流浪歌手，从山东唱到了四川，又从四川唱到了云南，实现了自己旅游和歌唱的双重梦想。一路上，本亮大叔还遇到了属于自己的真爱并迈入婚姻的殿堂。结婚以后，本亮大叔结束了自己的流浪生活，将媳妇带回了山东老家，过上了种地为生的平常生活。然而，即便归隐田园，本亮大叔却从未放弃自己“想要成为一名歌手”的梦想，一直都在坚持弹唱，农作之余便自学声乐。本亮大叔其实从未有过具体的“出道”规划，他也不清楚到底要怎样才能实现自己的音乐梦想。他只是热爱着并坚持着，从未想过放弃。后来，短视频的兴起，村里的很多年轻人都玩起来视频软件。有人将本亮大叔弹唱的视频上传到了网上，本亮大叔的知名度一下子得到了提高，不少网友都被他这种坚持的力量和过硬的实力感动，成为他忠实的粉丝。就这样，本亮大叔靠着一把破吉他，唱出了自己人生的喜怒哀乐，也收获到了属于自己的成功，实现了自己的歌手梦。

亲爱的宝贝，人生就是这样，很多你不曾以为的坚持和努力其实终会在某一时刻点亮你的梦想。案例中的本亮大叔也是如此，他的成功很大程度上就来自他对自己梦想的坚持，可以说，在实现梦想的道路上，本亮大叔拥有着超强的行动力。生而为人，我们都有属于自己的梦想和坚持，但是很多时候，我们如果只是光想而不付诸实际行动，那么产生的纠结和焦虑，其实只是对自己的一种毫无意义的消耗。可以说，人与人之间的差距拉大，最主要的原因就在于行动力。如果你不行动，一切的梦想其实都只是空谈；如果你不执行，一切的目标其实都只是海市蜃楼。就像罗振宇曾经讲过的一句话："行动力只属于你自己，如果你不开始行动，你的世界只会寸步不移。"因此，亲爱的宝贝，想让世界因为你而有一点点的不一样，唯一的办法就是马上行动，想尽办法，用实力将自己的光芒发挥到极致。

亲爱的宝贝，很多时候，你会很焦虑，并会很害怕。而让你害怕的无非就是未知，因为不了解，总是想东想西，所以总是纠结，总是犹豫，以至于最后错失良机。但其实，人生最可怕的从不是迈出去的那一步，而是在下定决心想要迈出第一步前纠结的一段时间，人生可怕的从不是做什么，而是不敢做什么。因此，亲爱的宝贝，请你相信自己，相信自己隐藏的实力，勇敢地迈出第一步。请你相信，只要你勇敢地迈出了第一步以后，你就能一点点地看到自己的成长和蜕变，最终就能成长为想要的自己。

勇敢向前奔跑，烦恼自会随风而去

曾经我认识这么一位全职妈妈，她的经历让我印象深刻，非常难忘。

在她感到人生最幸福的时刻，老公出轨了，并想要跟她离婚，划清界限。可以说，她的幸福世界瞬间倒塌，顿时变得一无所有。短暂的低迷过后，她决定去考研，因为她本身学历不高，只有大专，出去找工作都遇到了学历这道门槛。而短时间内，只有尽快考研成功，选择继续深造，她才能够有争取奖学金、实现经济独立，继而改变自己的生活。但这时，距离当年的考研，只剩下短短两个月的时间。正常的情况下，即便是一般的学生考生，只有两个月的准备时间，分数可能也不会很理想。

她当然清楚地知道这些，但是她下定决心全力以赴，不计后果。于是，她拿出自己不多的积蓄，报了英语、政治以及专业课的一对一辅导。她每天早出晚归，总是提前等在教室门口，拿出单词书狂背英语单词，教室一开门就立刻进去学习，直到夜里关门，最后一个离开。在老师赶校区上课的时候，她总是主动开车送老师，只是为了能够在路上多问老师一些问题。考试前夕，她在自己头上拔了两个重重的拔火罐，因为中医说，这样能够有利于记忆。就这样，她将所有的时间都用于学习和努力，最终，真的就在这么紧迫的时间里面考上了中央音乐学院，成为那一期班级里年龄最大的一名研究生。

现在的她，终于又重新开始拥有了自己想要的生活，顺利将原先那个自己找了回来。

确实，人生打败焦虑最好的办法，其实就是赶紧行动。想要不再焦虑，最好的办法就是立刻去做那些让你感到焦虑的事情。其实，我们的人生总是公平得可怕，只要你付出了一分的努力，这个世界就会给你想要的结果。而努力最坏的结果，大不了就是大器晚成。就像美国的摩西奶奶直到80岁才拿起画笔实现自己的梦想，又像特朗普70岁的高龄也可以成为美国的总统。只要你想，只要你勇敢地向前跑，我们的人生就从来不会让我们失望。

亲爱的宝贝，这世界上获得成功的人有很多，查看他们的成功秘籍，无一例外的是，他们从不拖延，总是在小跑着向前进。生活对于他们而言也并不是一帆风顺的，他们也并不是从不畏惧困难，只是相比较害怕，他们更知道，面对已经存在的困难，只有勇敢地向前跑去，才有可能突破困难的桎梏，成为更好的自己。

我曾经认识这样一位老师，年轻的时候，迫于家庭生活的压力，她一直从事着自己并不是很热爱的职业直到42岁。43岁那一年，她的家庭状况逐渐稳定，于是她决定重新追求自己的梦想，参加汉语言文学成人自考。46岁时，她接触到新媒体，又决定学习新媒体写作。52岁那一年，她成为新媒体点评班的老师以及多平台签约作者。就这样，就在她的同龄人都忙于带孙子、跳广场舞的时候，她却被当地的文化局返聘，实现了自己从一名农妇到文化人的逆袭。

在我们的身边，像这样逆袭的事例其实并不少见。因为逆袭从来都不是某个行业的专利，而是我们每一个普通的、热爱生活的人应该掌握的一种素质。就像文学大家胡适曾经说过的："人生的意义不在于何以有生，而在于自己怎么生活。你若发奋振作起来，决心去寻求生命的意义，去创造自己的生命的意义，那么你活一日便有一日的意义，做一事便添一事的意义，生命无穷，生命的意义也就无穷了。"

人生短短几十年，一辈子远远没有我们曾经以为的那么长。在这短短的一辈子里，爱情从来不会等人，一旦错过便是永远；亲情也永远不会等人，不要等到失去了才开始懂得珍惜；流逝的时光更不会等人，眼睛睁开度过的每一分每一秒都不会再重来。因此，亲爱的宝贝，遇到想吃的东西就去吃，遇到想做的事情就去勇敢地做，遇到想要的感情就勇敢去追求，遇到想去的远方更要快速地跑过去。永远不要害怕会犯错误，一辈子的时间说短很短，说长却也很长，至少长到足够我们不断地纠正自己的错误。人生最遗憾的事情永远都不是失败的那些事情，而是从未达到的远方和未曾追求到的梦想。因此，亲爱的宝贝，面对困难，永远不要逃避，逃得了一时，逃不了一世。只有学会勇敢，学会向前奔跑，困难才会迎刃而解。

第04章 爱折腾不是一件坏事

鲁迅先生曾经说过这么一句名言：本身就穷，折腾对了就成了富人。折腾不对，大不了还是一个穷人。如果不折腾，一辈子就都还是个穷人。深以为然。穷既然已经是现状，又还有什么是害怕折腾不起的呢？生活中的我们其实会遇到很多这种类似的情况，当然并不仅限于“穷”这一个原因，但是不管是出于什么样的目的，都可以说：爱折腾，从不应该被定义为一件坏事，而是一件值得宣扬和鼓励的好事。

只管努力，一切自有安排

年幼时听过这么一个童话故事，那时候并不明白其中的人生哲理。长大后，越想越觉得这故事中蕴含着极大的人生智慧：

有一个国王和一个宰相，这个宰相总是对国王说：万事万物，这一切都是最好的安排。有一天，国王带领众大臣一起外出去打猎。国王一下子就射中了一只豹子，豹子趴倒在地上，一动不动，尽管国王很小心地上前想要查看这只豹子是否已经真的身亡，却还是被动作更加迅速的豹子咬掉了一根手指。国王内心十分郁闷，宰相见此，便上前去安慰国王："我的国王，请你不要郁闷，请你相信，万事万物，这一切一定都是最好的安排。""什么？你说我的手指被咬了是活该，是最好的安排？"国王怒火中烧，便下令将宰相关进监狱。国王愤恨地说道："那么，我将你关进大牢里一定也是最好的安排。"

过了几天，国王又带领着众臣去打猎，结果没想到从山上冲下来一群土著人，他们将国王和几个位高权重的臣子一起绑走了，准备在月圆之夜进行祭祀。国王内心很害怕，不敢轻举妄动，便乖乖地被绑在祭祀柱上。国王听到他们正在商议，一定要找一个最完美、最位高权重的人来作为祭品供奉给神明，神明才会保佑他们来年风调雨顺。而正当国王以为这次一定会死翘翘的时候，祭祀的巫师却让土著头领放了国王，因为他发现国王并不是他们想要寻找的“完美祭品”，因为国王缺少了一根手指头。于是，土著头领又重新在众臣子当中挑选符合他们要求的完美祭品，然后将国王在内的其他人都放回去了。

回到王宫，国王就想到了曾经预言“万事万物，这一切都是最好安排”的宰相，他命人将宰相从大牢里释放出来，将自己的这段经历告诉了宰相，问宰相有什么感受。宰相说：“万事万物，这一切都是最好的安排。”国王反问：“也包含我将你关在大牢里的这段时间吗？”宰相说：“当然，我虽在监狱里，但是吃穿不愁，又有什么可担心的呢？再说，如果当时我没有被关在大牢里，那陪同陛下您出去打猎的一定就是我。那么，当巫师发现您不是完美祭品的时候，下一个被挑中的可不就会是我了吗？那我不就活不了了吗？失去生命相比较于被关在牢房里一段时间，岂不是我赚大了？那这一切不是最好的安排，又是什么呢？”国王听了宰相的这段话，哈哈大笑起来。

确实，人生的路其实很长，长到远远超出我们的想象。失之东隅收之桑榆，塞翁失马焉知非福，这样的事例在我们的生活中简直不胜枚举。人生中的很多时刻，总会有那么一个瞬间会让我们觉得自己活得怎么这么累？好像自己总是努力取悦身边的每一个人，总是努力去迎合着这整个世界，而最终的结果却偏偏越努力越感觉不到幸福，生活反而越来越忙碌，越来越辛苦。于是，你开始质疑自己努力的意义，开始动摇自己努力的决心。但其实，努力不管是在人生的什么阶段，都是没有错的。只是有可能在这努力的过程当中，我们忽视了方向的重要性。我们总是习惯于埋头走路，可能未曾习惯抬起头来看看前方的道路是否正确。就像是取悦他人，其实何必呢？他人能够为你带来的支持和帮助终归只会是人生路上的一个小段，真正能够依赖的其实只有我们自己本身。因此，与其取悦他人，不如学会取悦自己。想要取悦自己，就要付出足够的努力，克服内心的焦虑，让自己的梦想早日实现，让自己的心愿尽力达成。

日本动画大师宫崎骏曾经说过：“在茫茫人海中相遇相知相守，无论谁都不会一帆风顺，只有一颗舍得付出、懂得感恩的心，才能够拥有一生的爱和幸福。”人生正是如此，感情从不是游戏，如果我们总是抱着玩游戏的心态去生活，去经营我们的事业和家庭，结果可以想见，定然不会好。确实，在这过程当中的我们，很容易会因为某个局部的遗憾，从而开始怀疑自己的付出是否能够得到想要的回报。但其实，生而为人，普通而又平凡，我们每个人都没有传说中的“上帝视角”，我们不能精准地预知未知，对于万物的走向也没有绝对的控制力。但好在，我们都一样，即便是你认为足够富有的人们，他们面临的境遇其实和我们是一样的。他们也会在奋斗的过程中有质疑自己的时刻，他们也会有付出的努力没有得到百分百回报的时刻。成功若是唾手可得，又何至于那么稀缺，会让每个人都那么渴望呢？

因此，学会感激你奋斗过程当中遇到的一切苦难，因为这意味着你有足够的承受能力；学会感激你在奋斗过程当中受到的排挤和被打击，这些都是被嫉妒的表现，而被嫉妒则意味着至少你在某些方面是足够优秀的，优秀到你走在了嫉妒者的面前，让他们感受到了威胁；学会感激你所遇到的所谓敌人，因为这意味着你又多了一个化敌为友的机会，因为你我都知道，这世上其实从没有绝对的敌人存在。

亲爱的宝贝，学会感恩，学会拥抱苦难，学会接受你所遇到的一切困难。当你走过去很远回头再看的时候，你会发现，自己早已在不知不觉中为自己穿上了一副铠甲，从此这些所谓苦难在你面前不过是小菜一碟，你早已有了驾驭它们的能力和基础。亲爱的宝贝，生活选择将苦难付诸到你的身上总是别有深意的。正所谓天将降大任于斯人也，必先苦其心志，饿其体肤。你所需要做的不过就是学会接受，放宽心态学会反击，用自己的努力将它们克服，踩在脚下。而当你做好自己的时候，你会发现：万事万物，一切自有安排。

先有付出和投入，才会有回报

蔡康永曾经在《痛快日记》里记录了他父亲待人接物的细枝末节："爸爸讲的笑话，百分之九十都是在请客的饭桌上讲的；爸爸每次请客，要决定菜单的时候，总会对我们小孩解释两句：这家的蹄筋都是皮，不要点，六个客人吃这条鱼太大了，点虾要点完整的，别点剁碎的，可能不新鲜。"就是从这些细枝末节里面，蔡康永学会了"想尽办法，让别人感觉到舒服"这样的付出型待人接物风格。父亲的这种待人之道也影响了蔡康永日后的主持风格和日常作风。用"君子如玉，触手可温"这句话来形容蔡康永给人的感觉一点都没有错。正像康永哥曾经说过的：外表好不好看，绝对不是人生的决胜点，讨不讨人喜欢，其实更重要一点。也正是秉承着这样的为人处世原则，康永哥在纷繁复杂的娱乐圈里积累了不少好人脉。确实，一个让人感觉到温暖、舒适的人，怎么会不让人喜欢，怎么会不让人想要结交呢？他们的心里总是装着别人，你与他相处如沐春风，你自然就愿意跟他多多相处，结果也一定是利人利己的。就像是古人曾经说过的："待人宽一分是福，是利人实利已的根基。”确实，生活在这大千时间，人与人之间的相处其实从来都是相互的。让人感觉到舒适的待人之道，其实并不是你所认为的圆滑世故的手段，反倒是善待自己的基础。这个道理很多人都能够认可，但是一谈到付出与投入的时候，就好似立刻变了另一番模样。其实，本质都是一样的，一分耕耘，一分收获，不是吗?

不光是待人接物，与人相处，人生中的每个方面都是如此。与人相处，待人接物，学会照顾别人的感受和情绪，将自己的体贴提前付出，真诚投入，对方便会感受到你的真诚和善意，也必定会对你回报以善良。人生中的任何事情其实都是一样的道理。全情投入，尽心付出并不一定能成功，但是没有投入和付出却一定会失败。

记得上大学的时候，有一个死党跟我打赌：3个月内要成功减肥，瘦到120斤。如果他能成功，就算他赢，我得请他吃顿饭庆祝一下，如果他失败了，那么就算我赢，还得请他吃顿饭安慰一下他受伤的小心灵。秉承着“友谊第一，吃亏是福”的心态，我愉快地答应了他这个赌约，并且顺口问了一句：“总是听你喊减肥减肥的，也没真的见你行动过，这回为什么突然下定决心减肥啊，是不是有了心仪的姑娘啊，哈哈。”没想到朋友竟然真的羞涩一笑，低下了头。得，果然是为了爱情。

短暂的联系过后，我们便各自开始忙碌，我也没有将他的这个赌约放在心上。直到3个月后的一天，他来找我见面。我惊诧于眼前的这个男孩真的是他吗？眼前的这个男孩阳光帅气，全然没有之前的臃肿油腻。一瞬间，我竟好似不曾认识过他一样。他确实肉眼可见地瘦了一大圈，我连忙拉着他去秤上，结果真的瘦了30斤。

一路上，我开玩笑地问他“那个让你充满动力的女孩呢？追到手了吗？”不承想，他却满不在乎地摆摆手：“我现在天天健身，哪有时间去追什么女孩呀。”“知道你为什么单身了吗？哈哈。”我故意朝他打趣道。他一听反而更乐了：“先别说这些了，为了庆祝我瘦身成功，我们赶紧去搓一顿吧。”

点菜的时候，我点的尽是重口味的油腻热辣的食物，再瞧他面前的，清一色的清淡健康餐，连一滴油水都没有。我好奇地问他，这3个月都是这么过来的吗？既然为了那个女孩下这么大苦功夫，怎么又不再追求了呢？他回答我，其实也不完全是因为爱情才选择坚持下来的。一开始，那个姑娘的确可以算是他减肥的动力所在，但是真正迫使他最终坚持下来的却是自己的付出和投入。他说，以前就算办了健身卡，也没有真的下定决心认真锻炼过，总是三天打鱼两天晒网，因为总是在短时间内看不到进步就选择放弃了。就在这次健身的过程当中，他突然有了新的醒悟：没有绝对的付出和投入，就没有绝对的收获。于是，这次他开始认真对待自己的健身计划，控制每日饮食摄入的热量，初见成效便继续选择全身心的投入。就在这一次健身减肥的过程中，他不仅发现了健身的乐趣，还看见了自己一天天的进步和收获，由衷地感受到了生活的乐趣。

确实，对于任何事情，只有选择了全身心的投入，有了绝对的付出才能够有绝对的收获，成为一个杰出的人。很多时候，我们之所以不能成功，并不是我们缺乏机遇和能力，而是从未曾在一件事情上真的全心投入过。就像是一起去挖井水的两个人，一个人在这里钻一个眼，那里刨一个坑，却始终没有找到下面的井水，最终选择了放弃。而另一个人，一直专心地挖自己一开始选定的那个位置，越挖越深，直到井水喷涌而出，终于挖成了属于自己的一口井。

人生就是这样，一个不懂专注、不会投入的人，就算终其一生东挖西挖，最终也无法取得自己想要的结果，只有用孤注一掷的精神，专注地在同一个领域内深挖，最终才有可能挖成属于自己的一口井。因此，亲爱的宝贝，请你记住：不管做什么事情，一时的热情和喜爱所带来的三分钟热度，总是会很快消退掉的。只有学会持续地投入，学会全身心地投入和付出，你才会在这投入的过程当中喜欢上你正在做的这件事情。

不安分的你，更容易获得成功

有人觉得安稳是福，所以终其一生都在追求安稳的生活。确实，稳定的生活是我们每个人追求的梦想，每天早上睁开眼，周围都是熟悉的一切，这其实是一件很幸福的事情。但是，我想告诉你的是，稳定或者安稳，不意味着一成不变和固守已见。爱折腾这件事情也并不意味着不靠谱和不安分，在现在这个信息化、多元化的时代里，爱折腾的人其实更容易获得成功，更容易达到想要的稳定。

为什么这么说呢？首先，爱折腾的人必定都拥有一颗不安定的内心，他们总是不会一直满足于现状，总是会想要改变目前的状况，追求更好的生活。这点在我们追梦的过程当中其实是很重要的。试想，如果你连想要改变的心都没有，又何谈行动呢？明明心中还有那么多未曾实现的梦想，又有什么理由来停下前进的脚步呢？

曾经听一个朋友说过这么一段话，感觉深以为然：什么叫作出路？人生的出路从哪里来？出路就是走出去，既然需要走出去，那么人生的出路靠等是等不来的。因而，只有多出去走走，多折腾折腾，活路才能出来。那么，什么又叫作困难呢？困难就是总将自己困在一个地方不动，一直不动，那人生自然就会越来越困难。我这个朋友之所以会有这么深的感情，就是因为他自己就是一个特别能够折腾的人。

暂且称呼这个朋友为胡老板吧，胡老板曾经是我的小学同学，我们住在同一个村庄里，两家离得很近，可以说是从小一起长大。胡老板的家庭条件并不理想，父亲年轻的时候生过一场重病，留下了不能干重活的毛病，父亲又是一个没有文化的农村人，每年自家种的几亩稻子打理起来都费劲，就更不要说其他的活了，只能每天四处转悠着拾点废纸盒子、空塑料瓶倒卖一下赚点家用。而母亲在他幼年的时候，忍受不了这种生活，狠心地离开了家。从此，只剩下他和父亲两人相依为命，互相支持。

都说穷人的孩子早当家，胡老板也是这样。当我们还在父母的关照下按部就班上大学的时候，胡老板就自己选择了学习绘画，因为这样才能够尽快出去找工作。并且，胡老板自幼的愿望便是能够成为一名优秀的艺术家。于是，从大二开始，胡老板就开始了自己的摆摊生涯，每逢天气好的时候，就带着自己的工具箱去学校附近的天桥下面帮行人画速写，一张画10元钱。每逢过年回家的时候，我都喜欢到胡老板家串门，调侃他帮我画上几幅画“收藏”起来，以后等着升值。胡老板很高兴，总是很认真地帮我画好。曾经，我一度以为，胡老板应该是要坚定地走艺术家这条道路了。

大四的时候，胡老板到一个培训机构做起了培训老师，每天带着小朋友学习画画，他也算是有了一个更为稳定的收入。毕业以后，胡老板就用自己攒的积蓄和同学一起开了一个小画室，自己做老板带学生画画。凡事只要用心，就一定能够有所突破。经历了初期的艰难以后，凭借着良好的口碑和推荐，胡老板的画室招收到了越来越多的学生，他们的生意也做得越来越大。不承想，就在短短两年以后，胡老板就将自己在画室里面的所有股份抽了出来，自己单独开了一家奶茶店。当胡老板告诉我这件事情的时候，我一度很不能理解，一直问他是不是疯了，放着这么现成稳定的钱不赚，又去自己折腾奶茶店。胡老板只是朝我笑笑，说了一些自己的想法。他说画室虽然很赚钱，但是毕竟面对的生源有限，而且涉及诸多利益分配和成本投入的问题，自己一直做着的确也是蛮累的。

离开画室以后，胡老板一心经营着自己的奶茶店。短短3年时间里，已经发展出了十几家分店。现如今，胡老板将他这十几家奶茶店都交给了一个专业经理人来打理，自己则全心全意又经营起了一家火锅店。胡老板说，他现在的梦想就是有朝一日能成立自己的美食王国。就这样，胡老板家早已从我们村庄的贫穷户一跃成了数一数二的富足人家。胡老板的生活也是越折腾越开心，越折腾越自由，越折腾越幸福。

其实，生活中像胡老板这样喜欢折腾的人并不在少数。甚至，仔细观察身边的成功人士，你会发现，他们能够成功的原因，也往往在于他们身上这股爱折腾的劲。就像现在最为人熟知的马云，当年他是学校里的一名英语老师，拥有着一份令人羡慕的“铁饭碗”。但他偏偏选择辞职出来折腾互联网，折腾电商，所以才有了现在的阿里巴巴电商帝国。再如新东方培训学校的创始人俞敏洪，不也是不安于现状，辞掉了北大的老师工作，出来创办了自己的专业学校，最终才获得了成功吗？

亲爱的宝贝，生活在这个物质资源富足的太平世界里，我们总是很容易产生一种满足感。这种满足感会让我们感受到安逸和舒适，会让我们产生一种似乎我们的生活和那些大佬人物的生活也是在同一水平线上的错觉。但其实，我们和他们之间的距离远到我们难以想象，远到超出认知范畴。

亲爱的宝贝，你是将每天的时间花费在听课读书还是沉迷于手机中，是用于健身跑步还是胡吃海塞，是选择每天都严格规划时间还是懒懒散散。平日里看不到的这些小区别，其实正是造成差距的原因所在。很多时候，人与人之间的区别和差距并不在于天分和运气，而就在这每天一点一滴的小事上。亲爱的宝贝，想要懒于折腾、贪图享受的时候，希望你能够想起这样一句话：你未来的样子正是由当下的你决定的。你的所有努力，时间都能看得见。因此，亲爱的宝贝，保护好你心中那颗不安分的种子，不要将它随意丢弃，坚定地种下它，坚持地浇灌下去。最终，一定会开出属于你的生命之花。

狠下心，自律才能让你获得自由

史蒂夫·乔布斯曾经说过这么一句名言：“自由从哪里来？从自信来，而自信从哪里来？从自律来。”那么，什么是自律？《辞海》中对自律的解释是：自律是对自我的控制，只有学会克制自己，用严格的日程表控制自己的生活，才能够在这种严格的自律中不断磨炼出自信。确实，一个成年人，如果连最基本的行为控制能力都没有，又谈什么自信，更奢谈什么自由呢？

仔细观察生活中的那些大佬，他们无一例外都是人生的狠角色：自虐和虐他，必定占了其一，或者两条都占。他们往往能够像职业运动员一样近乎严苛地管理自己的生活：作息、饮食、习惯、爱好、体力，甚至欲望等。其实也可以想见，如果我们能够做到这么自律，能够坚决按照既定的计划执行，必然，你的工作也不会差到哪里去。就像前华人首富李嘉诚，他就有着一份令人钦佩的作息时间表：每天晚上不论几点睡觉，第二天清晨五点半的闹铃响起以后，一定还是会按时起床。然后，他会读新闻，再打一个半小时的高尔夫。接着再去办公室开始工作。而这么近乎自虐的自律，李嘉诚几十年如一日地坚持着，最终也如愿成为人生赢家。

或许有人会说，人生苦短，何必那么为难自己，让自己那么辛苦呢？但其实，正是因为人生苦短，我们才更应该利用好这有限的时间，将自己的效率最高化，才能够有更多的精力和时间投入自己喜欢并真正想要做的事情中去。亲爱的宝贝，越长大越会发现：自律其实是我们能够更好生活的基石。凡事令行禁止，生活才更容易走上轨道，及时发现自己的错误，修复错误，才能够表现得越来越好，生活明亮，中气十足。如果令不行禁不止，则容易溃散混乱，屡挫屡战，直到最后沮丧内疚，乱成一团。

母亲常常对我说：“年轻的时候吃点苦并不算什么苦，反而应该是你的福气。”年轻的时候我并不理解这句话的深意，以为只是母亲为了安慰我而给我的鼓励。后来，有所经历以后才明白这其中的逻辑基础：年轻时遇到的困难其实正是磨炼自己心性、养成良好习惯的门槛。而年轻时若是没有吃到苦，所有的困难均出现在人生的后半段，恐怕你无法承受。凡事由奢入简难，先苦后甜，你可以选择忆苦思甜；如果先甜后苦，最终的结果只能是垂泪抑郁罢了。

亲爱的宝贝，学会控制自己的欲望，学会管理自己的欲望其实应当是我们必须掌握的一项重要的人生技能，更应当是我们需要尽早学会培养锻造的素养。因为，从感性的角度来说，过度的欲望只会慢慢吞噬掉我们的本心，让我们在前进途中越来越迷失，继而变得浑浑噩噩，脱离自己的发展方向。就像历史上著名的隋炀帝杨广，利用自己手中的绝对权力，无限放大自己的私人欲望，最终的结果只能是国破家亡，受万人唾弃。

我们每个人的欲望其实都是无止境的。科学家曾经做过这么一项研究：就算是中了彩票，中了你所无法想象的头等奖金，余生从此吃穿不愁，这样的极度兴奋所带来的感官刺激其实也只会持续一年半的时间。等到这一年半的时间过去以后，你就会再次面临空虚、面临空洞。因此，人生最幸福的方式其实并不是一夜暴富式的井喷，而是小桥流水般逐步平稳地释放我们内心的欲望，让我们内心的欲望逐渐匹配上我们的现实，实现润物细无声般的滋养，这样的人生其实是最为平稳和幸福的。

上学的时候，明白自己缺乏足够的自控能力，便开始有意识地研究很多培养习惯的方法。最开始的时候，选择写日记，每天进行总结，记录下自己当天的收获与不足，也借以督促自己每天的学习进展。最初坚持不下去的时候，感觉到了异常的艰难和辛苦，每每提笔总是觉得似有千言万语要记录，却又什么也总结不出来，但好在我坚持了下来。可以说，正是因为经过了最开始的那一段磨合，所有的不适感才通通消失，现在写日记和总结已经变成了我人生中一件非常自然的事情。每天只用短短几分钟的时间，就让我能够重新审视自己，平和每天的心态。由此，写日记和总结早已不是我的一个负担，也不再是一项需要分配的工作，而已经变成了我人生的“行车记录仪”，能帮助我拥有更好的生活。

因此，亲爱的宝贝，请你学会对自己狠一点，请你学会自律，更想要请你记住：放纵如山倒，自律如抽丝。由此，请不要轻易放纵自己的生活，也不要轻易给自己找放弃的借口。只要每天对自己严格一点，时间长了，自律就会成为一种习惯，甚至会形成自己的一种生活方式，这种在原有基础上不断改进的生活方式只会让你成为一个更好的人，让你学会去享受生活中更好的一面。由此，只要坚持下去，未来的你就一定会感谢现在这么努力的你。

生命不息，折腾不止

创业的时候，认识了这么一个小姐姐。她的人生经历让我叹为观止，并且印象深刻。暂且称呼这位小姐姐为小腾吧，认识小腾是在一个朋友的引荐之下。那时我刚刚开始准备创业，开一家自己的品牌小超市，想要找一些性价比更高的优质货源。朋友给我引荐了这位小腾姐姐，我们便在饭桌上见了面。

尽管是初次相见，我们却一见如故，相聊甚欢。饭桌上，我们互相聊起了各自的事业和家庭，也得知了小腾姐姐现在正在做的事情。从交谈中，能够感受到小腾姐姐身上充满了正能量，她给我讲了很多她创业时遇到的问题，为我讲解怎样才能更快更好地入门，以及怎样具体落实自己心中的规划。看得出，小腾姐姐是一个相当健谈而风趣的人。听她说自己毕业十几年以后一直都在坚持做这项事业，能够将一项事业坚定不移地坚持十几年做下来，这其实是一件很不容易，也是非常值得我钦佩的事情。

第一次见面以后，我们又约着去她家里聚了一次，互相交流各自的经验。她家的装修风格很简单，却处处能感受到主人的用心布置。客厅沙发后面一组书架上摆满了小腾姐姐从全国各地搜集来的特色摆件，配合着房间内播放的轻音乐，整个氛围舒服又清爽，让人想驻足长留。

我们坐在阳台上，一边喝茶一边聊天。听小腾姐姐讲，他们夫妻二人早在10年前就靠自己在深圳买了一套商品房，按照自己的意见装修好了房子，过上了自给自足的生活。因为不想给各自的父母增添过多的负担，也为了掌握自家的经济大权，能够对自己想要的生活有足够的话语权和决定权，尽管背负着巨大的房贷压力，他们夫妻俩在各自的领域越折腾越起劲。而现如今，他们也早已过了当初的那段艰难时光，成了令人羡慕的成功人士。就在我开始思考，人生到达这个高度以后还会想要追求什么的时候，小腾姐姐接了一个电话，电话挂断以后，她说自己近期正在准备读研深造。

听到这个消息的那一瞬间，我稍微怔了一下，内心止不住地感叹：这个女人，精力真的是好旺盛啊。小腾姐姐看到我的表情，心下了然，笑着对我解释道，当初她老公得知她想继续深造的消息时，也觉得她太能折腾。但是在听了她的生活理念以后，还是选择了一如既往地支持她。小腾姐姐说，正是因为人生苦短，自己想要追求的生活太丰富，想要看到更大更美的世界，所以才选择在这有限的生命里使劲折腾，保持活力。

确实，就像是小腾姐姐说过的，爱折腾并不是一件坏事。即便是折腾失败了，自己有了足够多的经历和经验的积累，也会让我们的精神世界更为丰富。这也算是一种另类的成长和发展，不是吗？再者，如果能够折腾成功，获得自己想要的结果，这不是更加令人激动和幸福吗？

现在的小腾姐姐早已过上了令人羡慕的财富自由的生活，所到之处只要有网络，就能够随时随地遥控自己的事业，实现心中所想。从曾经的小折腾到现在的大事业，小腾姐姐所做的不过就是持续地努力和坚持。就在她的同龄人选择安逸舒适，选择稳定的铁饭碗，选择一眼就能看得到尽头的生活时，小腾姐姐充满斗志地选择了折腾，选择了改变。而这，也正是无数个跟小腾姐姐一样的人能够最终获得成功的原因所在吧。

无数的成功经验告诉我们：想要获得持续并稳定的成功，最快的捷径其实就只有自己的勤奋和努力。这世上从没有谁能够轻轻松松地获得成功，只有多多尝试，多多折腾，才能够为自己争取到更多的发展机会，才能够接触到更多的渠道。因此，亲爱的宝贝，趁年轻，勇敢地选择多奋斗，多折腾吧。如果整天抱着手机玩乐，待在一个固定的体制里面，过着好似一眼就能看到尽头的生活，随着时间的推移，这令人羡慕的曾经最终只会演变成无法掌控和改变的郁闷。

杨绛先生曾经说过：走好选择的路，别选择好走的路，你才能够拥有真正的自己。深以为然。《哆啦A梦》里面曾经有过一句极富哲理的台词：梦想是一个天真的词，实现梦想却是一个残酷的词。但是，亲爱的宝贝，即便残酷却也不是无逻辑可言。希望在未来奋斗的日子里，你能够记住：生命不息，折腾不止。当然，爱折腾也并不是让我们胡乱折腾，做一些自己并不擅长和理解的事情，而是让我们学会思考，学会不安分守己、唯唯诺诺，学会在固有的成见中坚持梦想，更要学会永远保持对生活的热情，用一颗充满活力的心去面对生活中的一切，勇敢地追求梦想的一切，让自己的生活充满活力和激情，充满希望和生机。

第05章 所有走过的路，都是必经之路

年轻的时候很害怕犯错误，因为错误可能代表着失败和被惩罚，因而总是追求绝对的完美和无缺，总是沮丧于自己犯下的任何一个可笑的错误，总是羞愧于曾经丢脸的那一瞬间。但是长大后才发现：人生所有的经历其实都有一定的意义，你曾以为的永远失败其实在别人眼中不过只是一分钟的好笑。只要放宽心态，正确面对过往的经历，你会发现，其实，正是这些经历相互积累、紧密关联，才会成就现在的这个你。因为我们的人生，从来没有偶然。

过去的任何失败，都是为了成就更好的你

生活中的我们总会有那么一个时刻感觉自己已经努力到了无以复加的地步，但事情却依旧没有按照我们的期待前进，甚至还有越来越糟糕的感觉。于是，你想要放弃，想要立刻躺下或者逃离，以为就此能够幸福一生。但其实，你我都知道，这并不可能。今天遇到的困难没有解决，逃走重新换一条路走，走到中途还是会遇到一模一样的难题。因为我们的人生从来没有偶然，万事万物的发生都有其固有的逻辑和意义。所有遇到的困难只有被解决了才会成为你的经历和财富，因此，无论路有多难走，你都必须走过去。

努力的过程当中，我们总是会有对现在正在做的事情感到无趣的时刻。我们总是会一边厌恶着自己的工作，一边又出于生存的问题而不得不做，不得不继续坚持下去。其中的无奈和艰辛通常让我们感到绝望和沮丧。但其实，这些不过都是我们成长的助推器，只要勇敢地度过去，人生就会来到一个更新的层面，站上不同的舞台。我承认，虽然生活中很多事情的发生可能都不会符合我们的期待，甚至有时候会打我们耳光，被打

的那一刻你一定会是无比的愤懑和委屈，会让你感受到从天堂到地狱的落差。但是，每一种或好或坏的人生经历其实都会教给我们一些事情，给我们留下一些教训和经验。时过境迁，你再回头去看的时候，你会发现：正是这些曾经你感到羞耻的过往和经历，才让你变成了一个更加坚强的你，一个拥有现在的你。

就像是曾经的俞敏洪，谁能够想到一个英语菜鸟居然会成为英语培训学校的创始人，而且这个培训学校还相当成功，成功到成为经典。曾经的俞敏洪很想要出国去看看外面的世界，但是他的英语实在是太烂了，连续三次申请出国留学都被拒签。没办法，梦断留学路的他只能被迫另谋出路。但就是这多次联系出国事宜的经历促使他对于出国留学这件事情有了很深的理解，也让他从中发现了巨大的商机。于是，他果断转变思想，开始转做培训，利用自己的经验帮助其他条件更好的人实现出国留学的梦想。你看，人生就是这样有趣，充满了无限变化的可能。尽管俞敏洪的客观条件阻止了他出国留学，但他懂得利用自己的这些失败经历，总结经验教训，一步一步创办了新东方。试想，如果当时的俞敏洪顺利出了国，那么，他的人生或许又会是另一番模样吧。

由此，我知道，屡次的面试失败或者踌躇满志的项目破产，总是会让我们感受到沮丧和绝望。但这个时候，千万不要就此万念俱灰而放弃一切。你可以选择暂时停下脚步休整一下，也可以平心静气地坐下来重新审视自己，更应该好好思考一下该怎么继续优化自己。这样，等到下次机遇来临的时候，我们才可以把握得更好。

人生短短几十年，我们总是会遇见很多人。这些人中有人会让我们高兴得犹如一个孩童，也有人会让我们伤心难过到揪心。但这时，请你相信，人生中所有的这些遇见，其实都是必要的。因为正是有了这些人的信任或者中伤，正是有了这些人的拥抱或离开，正是有了这些人的支持或背叛，才更让你有机会能够认清自己，明白人生的很多道理，不是吗？或许很多时候，生活总是不愿意那么快给我们一个答案，但是只要你坚持着慢慢走下去，就会发现，这一切其实都是最好的安排。所有的不美好、不完美，只是因为你还没有走到最后，所以我们需要做的就是，继续坚持做下去，仅此而已。

亲爱的宝贝，人生经历越丰富，你便越会觉得万物因缘际会，实在妙不可言。人生中的很多事情有时求而不得，实在不用太过执着。所谓塞翁失马焉知非福，站在当下的这一时刻，从眼下的寸光来看，你以为失去的是整个世界，但其实随着时间的推移，眼光变得长远，所谓的失去或许也会变成一种得到。反倒是这个过程中一味坚持的执着和伤情，有可能会让你浪费了自己的大好春光。

随着时间的推移，等到我们的经历足够丰富以后，再回头去看曾经的这些过往，或许你会发现，曾经你以为的这些坎坷，曾经你以为的这些挫折，不过都是后来境遇里的助缘，是它们帮助我们成就了现在的自己。因此，亲爱的宝贝，遇到任何挫折都不必沮丧，也不必郁闷，更不必羞愧而丧失重新再战的信心，人生所有经过的路其实都是我们成长的必经之路，删掉任何一个瞬间，改变经历的因果轨迹，我们都不会成为现在这个更加美好的自己。生活在很多时候就是我们人生的一个修行道场，我们所要做的不过就是时常发现自己的这些过错，重新审视自己，然后去修正好它们，继续成为一个更好的我们。如此周而复始，不过就是我们的人生，就是我们必要的修行。

所有的努力，或早或晚，都会给你回报

央视的综艺节目《中国诗词大会》，有一位选手令人印象深刻。他叫雷海为，来自杭州，获得了《中国诗词大会》第三季的冠军。同我们所理解的冠军不一样的是，雷海为并非少年天才，也不是家境优渥，整天只要吟诗作赋就能饱腹的诗酒文人，他只是一名普通的外卖小哥，但是毫不夸张地说，他的确真实地活在了自己喜爱的诗歌当中。

听雷海为在节目上谈起自己的过往：十几年前，没有多余

的钱买书，为了能够读到喜爱的诗歌，雷海为总是会去书店里看上足够久，久到能够将这些诗歌背下来。回到家后，他会将这些诗歌再默写出来，做成自己的诗歌集，供自己以后细细品味。后来，雷海为成为一名外卖小哥，每天风里来雨里去，和千千万万个外卖小哥一样，平日里穿梭在楼宇巷陌之间，马不停蹄地配送着大量的外卖订单。然而，让雷海为显得有些与众不同的是，即便是在争分夺秒的送餐路上，他也总是会抽出时间来读一读自己喜爱的诗词。

送外卖的日子注定是辛苦异常的。“天气越恶劣，点餐的人会越多，我们的生意也就会越好。”雷海为这么总结道。确实，这也是雷海为能够赚到更多报酬所甘愿付出的劳动。但是，即便是整天的风吹雨打，雷海为内心深处涌动的诗意也丝毫没有被动摇。诗词对于他来说，也许就是这灰暗人生中突然射进来的那一束微光，一直指引着他不断前进。

于是，凭借着对诗词如此的热爱与执着，雷海为终于站在了《中国诗词大会》第三季的舞台上，面向摄像机，对着全国人民一展自己多年的学习成果。最终，雷海为以总分93分的成绩惜败小选手骆子愚，但是面对失意，他却豁达地表示：“没有遗憾，因为我最终的八道题目全部都答对了。”他的这番豁达和努力感动了大家，所有人为他情不自禁地鼓掌，久久不能平息。

正如董卿在舞台上对雷海为说的一样："你在读书上面花费的任何时间，日后都会在某一个时刻给你回报。"确实，读进去的任何一本书，吸收到的任何一个知识，其实都已经成为我们内心的储备。或许在这个当下，这样的知识点并没有特别凸显的作用，但是在没有真正爆发以前，你永远都不会明白自己的潜力到底能有多大。就像是《异类》一书中提到的著名的一万个小时定律：人们眼中的天才之所以能够卓越非凡，并不是因为他们天生天资超人一等，而是他们专注地在同一件事情上持续地付出了超过一万个小时的努力，通过这一万个小时的锤炼，他们成功地从凡人变成了超人。由此，我们也可以得出这样的结论：这一万个小时的锤炼是任何人在任何事情上由凡人变成超人的必要条件，想要获得成功，就必须专注持续地付出足够多的努力。因为你所付出的任何努力，最终都不会白白浪费。

著名演说家尼克·胡哲出生于1982年的12月4日。他出生的时候简直将所有人都吓了一跳：尼克·胡哲生来就高度残疾，没有双臂和双腿，只在左侧臀部以下的位置有一个带着两个脚指头的小"脚"，这个小脚被他的妹妹戏称为"小鸡腿"，因为尼克·胡哲家的宠物狗曾经误以为这是一个小鸡腿而想要吃掉它。尼克·胡哲的这个外形让所有第一次见到他的人都大为震惊，他的父亲甚至忍不住跑到医院的产房外面呕吐。母亲也曾一度无法接受这样残酷的事实，直到尼克·胡哲4个月大的时候才敢上前来拥抱他。

即便是这样，尼克·胡哲还是安然无恙地长大了。他的父亲是一名电脑程序员，也是一名出色的会计。在他6岁的那一年，父亲教他学会了用脚指头打字，为了让尼克·胡哲能够尽量和普通人有一样的生活，父母为他配备了电动轮椅，还请了一个专门的护理人员照顾他，将他送进了当地一所普通的小学就读。母亲还为他发明了一个特殊的塑料装置，能够帮助他拿起笔写字。然而，没有父母的时刻陪伴，尼克·胡哲难免还是会受到同学的欺凌。就在他8岁那一年，他整个人都非常消沉，冲着他的妈妈大喊，告诉她自己想死。10岁的那一年，尼克·胡哲曾经试图将自己溺死在浴缸里，但是都没有成功。

就这样，即便生活中有着诸多的磨难，尼克·胡哲的父母还是一直鼓励他学会战胜困难，帮助他慢慢找回了自信。终于，尼克·胡哲逐渐在学校里交到了自己的朋友。13岁那一年，一次偶然的机会，尼克·胡哲在一张报纸上看到了一篇介绍一名残疾人自强不息，给自己设定了一系列伟大目标并最终通过自我努力实现梦想的故事。尼克·胡哲受到了启发，决定将“帮助别人”作为自己的人生目标。

明确了自我的人生目标以后，尼克·胡哲开始了一系列艰辛的学习培训。这个过程中，曾经有无数个时刻，尼克·胡哲想到过放弃，但他还是咬牙坚持了下来。如今，尼克·胡哲再次回想起曾经的这段倍感艰辛的学习过程时，他认为这是父母为他找到的能够让他融入社会所做出的最佳选择。“对我而言，那段时间的确非常艰辛，但也正是这段艰辛时间里面付出的努力，让我变得更加独立和自信。”尼克·胡哲在一次演讲中总结道。事实上，尼克·胡哲现在已经拥有了金融理财和地产专业的学士学位。

亲爱的宝贝，就像上文中提到的一万个小时的定律，不管做任何一件事情，最前面那段时间所付出的努力中的绝大部分其实都是在对我们并不擅长的陌生领域进行探索。而中间的这一部分积累的时间则是在为我们日后的厚积薄发做铺垫和积累。只有坚持到了一万个小时定律的后半段时间，我们才有可能超越这方面的同行人，才会开始有所建树。生活中的我们总是会在某个灰心的时刻，认为我们这么久的努力似乎没有得到想要的回报，因而总是想要放弃。但其实，凡事有因就有果，万事万物其实都有其特定的因果联系。你所有付出的努力其实都不曾浪费，只是可能还未曾积累到足够多才未爆发。但是并不排除日后的某一天，可能会在你不经意的某一个时刻，会给你带来帮助，帮你解决掉一些问题。因此，亲爱的宝贝，请你相信：人生中任何一个时刻所付出的努力都不会白费，既然看准了就果断地去努力，人生总是会越努力越幸运。

每一份积累，都是为了更好地抓住下一次机会

2018年清华大学学生年度人物榜单揭晓的时候曾经引起了一时轰动，所有人都在心里暗暗猜测，到底是什么样的人物能够登顶清华大学的年度人物，这样的人到底该有多优秀？众所周知，清华大学作为我国的顶尖学府之一，从来都是人才辈出的地方，里面的学生通常都有着很多同龄人可望而不可即的成就。于是，不明就里的我们总是会将他们的这份成功归结于他们的天才和天赋。但其实，优秀背后的真相让所有人都为之动容。

被评为十大人物之一的超算团队说，他们在与世界高手竞赛的时候，整个备战期间都万分紧张，成员不断训练，年复一年，最终才成就了团队的大满贯。这期间，每个团员就连在桌子底下小憩片刻都是一种奢望。还有被评为十大人物之一的温家星，满怀信心地在竞赛场上讲述自己的“天格计划”，结果却被评委无情地泼下一盆冷水：“发射卫星是国家的事情，大学生还是歇着吧。”但是，评委的冷水并没有将他们内心的热火熄灭，温家星带领手底下的学弟学妹熬了无数个夜晚，终于圆了他们想要将卫星送上太空的梦想。再如，被评为十大人物之一的宫克威，获得了雅加达亚运会的第四名，实现了清华男子十项全能“零”的突破。你以为这是因为他有过人的天赋吗？其实在你看不到的背后，他已经为此苦练了8年的时间，这

8年，伤病险些击倒了他，但是他从不退缩，严寒酷暑也从未止步，日复一日、年复一年的高强度训练，才成就了现在的自己。

亲爱的宝贝，人生就是这样，很多你所以为的天才，很多你所看到的优秀，其背后都是每一天的积累成才。清华大学的硕士生傅宇杰在台前演讲的时候总结道："清华人从未忘记，时代变迁，风云动荡。我们深知，人外有人，唯有拼搏与积累永存。"确实，即便是再优秀的人才，拥有再超群的天赋，都还是需要在现实生活中不断地积累实际经验，不断地积累属于自己的人生财富，才能够在下一次机遇来临的时候更好地抓住它们。

生活中总是有一些人常常哀叹命运的不公，说纵使自己已经有了足够多的积累，却没有良好的发展机遇，才导致了自己的默默无闻与碌碌无为。但其实，上天对每一个人从来都是公平的，它在给予别人机会的同时也一定会给予你同样的机遇，只是看你有没有抓好它，有没有抓住它。或许，有些机遇来临的时候并不是那么的明朗，又或许完全是在你不可预料的情况下出现的。这时候，想要获得成功，关键就在于你捕捉和把握机遇的能力。而想要有更好的捕捉和把握机遇的能力，唯有更多前期的锻炼和积累。

我承认，人生中很多时候机会的来临总是那么短暂，就好像是一现的昙花，就在我们还没有来得及反应的时候，或许它就已经悄悄溜走了。但是，亲爱的宝贝，我们每个人其实都有自己不同的发展节奏和速度，在你尚未有足够多的经验积累时，眼看着摆在眼前同样的机遇，别人会拥有更多的优势，轻松地把握住了这次的机会得到了提升，而你却什么都没有。但其实，亲爱的宝贝，不同的年龄和人生经历早已造就了不同的性格和际遇，这时候，请不要着急，也不必沮丧，只是时间未到而已。只要你沉下心来，默默积累，终有一日会在另一个更加适合你的机遇面前，彻底爆发。

生活中的我们都希望自己能够轰轰烈烈地干上一番事业，而不想碌碌无为地了此一生。但有的人总是想干事情却无从下手，明明很渴望声名、财富和权力，但是取之无门，因此他们总是会抱怨上天，抱怨自己的出生，抱怨那个著名的苹果为什么只砸在了牛顿的头上，而没有砸在他们的头上。但扪心自问，如果同样的苹果砸在了你的头上，你真的会同牛顿一样发现万有引力定律吗？你确定不会是感觉倒霉而气急败坏？亲爱的宝贝，人生路上，想要获得成功，机遇固然是相当重要的，但是前期的积累更加重要。即便通过某些捷径，能够让你得到一样的机遇，但是你若没有足够多的能力，没有相应的积累能够帮助你抓住这次机遇，那么这样的机遇对你而言，又有什么用呢？由此，亲爱的宝贝，你和牛顿之间的差距，不是少在了被苹果砸中这样的机遇上，而是少在了前期对物理学的常年累积上。

亲爱的宝贝，我们应学会沉淀自己，学会在日常的生活和工作中好好总结，不断积累属于自己的经验。每日的工作内容有很多，但是只有总结得出的结论才能真正属于你自己。并且，“没有机会”这样的话语永远都是失败者的托词。在上帝面前，机会对于我们每一个人其实都是平等的，只不过是那些成功的人早在前期有了足够多的积累，又顺利抓住了这次发展的机会。而那些失败者，既缺少前期的积累，又缺少后期抓住机会的能力。因此，当机遇还没有到来的时候，请选择好好沉淀，好好积累。

人生中的很多机遇在到来的时候都不会提前跟你打招呼，它也知道自己的稀缺和受青睐，因而总是悄悄地来，等着真正能够发现它的人抓住它。因此，亲爱的宝贝，除了前期的积累，我们还要学会做一个有心的人，学会做一个时刻观察周围，对周围的事物有清醒认知的人。要有心，能够对机会有着清醒的认知，再加上足够多的经验累积，你才能够理智地抓住它，最终获得梦想的成功。

历经昨天，才能让你到达明天

我有一个哥哥名叫小朱，在短短几年的时间里，他就从一名普通的销售员变成了公司的副总，家里人都以这个哥哥为荣，在我很小的时候，父母就经常将这位哥哥的事情说给我听，将他作为我学习的榜样，时刻鼓励我向他学习。后来，长大后的某一天，我遇到了一些工作上的困难，纠结于该如何选择，便向这位哥哥讨教，希望他能够给我一些启示和指导。于是，哥哥向我讲述了他是如何从一名普通销售员一步步成了公司老总的事情，至今让我印象深刻并有着诸多感悟。

哥哥说，刚做销售的时候，自己就是一只菜鸟。刚刚入行，什么都不懂，只能自己慢慢摸索，不断积累销售经验。而且，哥哥入行不算早，在那个出门还靠两条腿走路的年代，很多经济发达的地区都已经被入行更早的同事占得了先机，占领了人脉。哥哥想要从他们口中分得一杯羹，只能是做一些他们看不上眼的小单子，小打小闹。但是哥哥并不灰心，照样用心服务好这些小客户。日积月累，这些小客户都已经成了固定的客户群体，成为哥哥坚实的人脉基础。但是，仅仅依靠这些小客户显然是不可行的，哥哥开始想办法扩展他更多的销售资源和人脉。

有一次，哥哥去一个老客户家里拜访，看到了一个从未见过的稀罕物件：台式计算机。客户跟哥哥说，这是他一个国外的朋友送给自己的礼物，自己刚刚学会使用，非常方便。只要将数据全部输入这个计算机里面，自己公司所有的资料都能够看得一清二楚，所有的账目明细也都一清二楚，查找起来非常方便。哥哥顿时觉得自己的发展机会来了，于是他想尽办法从这名客户手中打听到了台式计算机的来源，同国外的厂家取得了联系，拿到了国内的独家销售代理权。有了台式计算机这样稀缺的资源，该如何打开市场，让国内的顶级富豪了解到计算机的便捷与好处又是一个大的工程。哥哥抓紧时间，自己去了一趟国外，在最短的时间内学会了如何使用计算机。

后来，哥哥将台式计算机带回了国，参加了展会。哥哥在展会上亲自上场演示，向人们展示计算机的方便快捷，并推出了新品优惠价。一时间，计算机的订单像雪花般飞来。正是靠着这笔计算机的销售订单，哥哥赚到了足够多的钱，成立了自己的销售公司，注册了属于自己的品牌商标。后来，公司越做越大，从一开始的几个人慢慢发展壮大成了几十个人、几百个人。这过程当中也并不是什么困难都没有，但是哥哥说，困难并不可怕，只要充满信心，不断积累昨天的经验，勇敢地开拓新的市场，就总会有度过困难的这一天。

成立公司的第三年，哥哥的公司曾经遇到过一个很大的危机。那时候，公司刚刚推出一个新产品，正准备大规模上市宣发的时候，一家竞争对手抢先推出了类似的新产品，并且价格比自己公司的成本还要低。这使得已经签订订单的客户纷纷毁约，造成了公司的严重危机。如果不能尽快想办法扭转局面，等待在哥哥面前的只能是公司的破产。

哥哥自己茶饭不思，上下的员工看到了也是人心惶惶，甚至很多员工一脸决然地选择了跳槽，他们说公司马上就要撑不下去解散了，待下去还有什么意义呢？另外一些没有离开的员工也没有继续工作的心思，都在暗暗地寻找自己的出路。当然也有一些意志坚定的员工仍然坚守在岗位上，决定帮助哥哥共渡难关。

后来，哥哥静下心来分析了公司的现状，觉得情况也并没有像大家认为的那样无药可救。当下的第一要务是要赶紧改善一下现有的这批产品，也许就能够重新打开市场。哥哥想起一位专门从事这项研究的老教授，就带着自己的一名员工，亲自登门拜访了这位教授。经过教授的研究和双方的磋商，终于有了一份改进产品的方案。随后，哥哥和教授立刻签订了合作合同，几个月以后，经过改进的产品上市，果然大受欢迎。客户的订单又像雪片般飞来，曾经毁约的那些老客户又纷纷找上门来，要求与公司保持长期的合作关系。公司终于再次摆脱了困境，迎来了前所未有的辉煌。哥哥也从这次的经历中明白了自主研发产品的重要性，将公司构架重新调整，成立了属于自己的产品研发部门，将那些一直跟随公司度过困难时期的员工纷纷提到公司各部门的重要位置。

亲爱的宝贝，每个人都是在昨天的经历中不断地总结奋斗，得出今日的经验和教训。人生中蕴含的发展机会也总是这样，只会在最危急的时刻来临。一旦你把握住了这些机会，能够将这些陌生的经验不断总结，前途就会一片光明。所以说，很多时候，一个人的成功固然要靠才能和努力，但是善于把握住危机发生时刻的机遇，不观望、不退缩、不犹豫，有不断总结经验、不断尝试的勇气和实践的决心，才能够最大限度地造就一个人的成功。生活中的很多人，对机遇总是抱着守株待兔的态度，一旦等不到便开始怨天尤人，感叹自己是上天的弃儿，但其实，太多的机遇就是在我们等待的过程中和我们擦肩而过了。人生中的每一个昨天其实都是陌生的经历，没有人能够未卜先知，更没有人生来什么都懂，什么都优秀。他们成功的秘诀不过就是学会了总结，学会了积累，学会了拨云见日地发现机遇的存在，并用果敢的行动去立刻实践。由此，逆向思考一下，你会发现，他们的成功其实也就不足为奇了。

亲爱的宝贝，每一个我们经历过的昨天，不管是失败还是成功，其实都是我们能够到达未来而不可或缺的一块砖石，只有稳稳地踩在上面，我们才能够安全地走到对岸。或许，人生中的很多时候，机会的出现就犹如昙花一现，我们往往还没有来得及反应它就已然悄悄溜走了。但是，只要在平时的工作生活中不断积累，不断增强自我的能力，就一定能够在机遇来临的时候，抓住它们，不让它们溜走，不让我们自己留下遗憾。

踏实走好脚下的每一步

人生在世，只要活着，我们就有可能走过弯路，也有可能正在走着弯路。

最近聚会的时候，发现我的一些朋友都比较感慨，一番交谈之后才明白原来是大家在各自的领域内对未来之路都充满彷徨和迷茫。有的正在单身，每天回家便被催婚，但是相亲的对象一个比一个奇葩，眼见着自己年纪的确也不小了，如何能够找到心仪的另一半便也正式被提上了日程。有的倒是刚刚结完婚，却也正面临养家糊口的难处，从一个人变成了一个小家庭，家中各项的开支费用增加了不少，而薪资却不见得有多少增长。没有做好一定的经济准备，又如何敢随意地抚养一个小孩？即便是已经创业多年，有房有车有娃的朋友，也有自己的烦恼，时代发展变化的速度如此之快，自己的企业产品结构单一，是否需要做更多的产品布局？专一的产品线固然有特定的优势所在，却也难保有朝一日突然被这个时代抛弃……你看，人生不管处于什么阶段，总是会有与之相对应的烦恼和苦楚。

当你和任何一个朋友深入交谈的时候，你总能听到他们对于生活的无尽吐槽。这时，我们也就只能是尽自己的努力，多给予一些安慰和鼓励，但你我都知道，这些话对于化解他们的困境其实并没有什么用处。

确实，人生在世，我们总会遇到这样那样的不如意，也总会有怨天尤人的时候。但很多时候，当我们走完整段路程以后再回头看时，你会发现：我们曾经走过的每一段弯路，实际上都会拼凑成一幅幅别样的风景图。而我们所有在成长路上熬过的苦最终都会被炼成干柴，在恰当的时机，烧成人生中最烈的火焰，发出最明亮的光芒。

亲爱的宝贝，我们的人生之路道阻且长，充满坎坷。或许，你曾经被欺骗，被玩弄，这让你很沮丧，让你不禁心生埋怨，为什么明明自己并不比别人差，却还是过得那么苦？但是现在，你再回头看看曾经走过的那些路，再看看你曾经遇到的所谓磨难，你有没有发现，其实它们已经改变了我们的整个人生，从头到脚。即便你不愿接受，但是你也不得不承认，这些苦难的经历带给我们的其实正是重生的力量。只有历经苦难，你才会成为更好的那个你。而你终究也会认可：人生所有的路都不会白走，你所走下的每一步人生路，最终都会帮你变成一个更好的自己。

因此，请你相信，亲爱的宝贝，人生所有的付出都会有回报，所有用心浇灌的梦想，都会开出花来。我们所需要做的，不过就是一步一个脚印，一步一个积累，坚持着走下去。我们不是上帝，永远没有办法知道现在正在走的路会怎样，是深还是浅，是不是正合适，方向有没有偏。但是，不管怎样，走下去的每一步都会留下不同的脚印，留在我们的人生里。或许，有些脚印可能正走在沙漠里，一阵风吹过，便什么印记也没有了。但是，正是因为有了这一步一步，才能够让我们走到今天这个位置，成为现在这个更好的自己，不是吗？由此，其实人生最关键的事情并不在于走到了哪里，而是，你一直在走，从没有停下来。

前几天逛贴吧的时候，看到过这样一个提问，又或者说是一个感慨："转眼之间，我就要30岁了，和那些年轻人相比，我已经老了。但是目前自己什么都没有，也不知道自己该做点什么，这要怎么办才好呢？真的好迷茫啊。"问题下面留言回答的人，大多数都表示赞同。的确，好似我们每个人都有过类似的迷茫经历。但我很想跟发出这番感慨的朋友说，不管别人给予你的答案和意见是什么，你最终只会选择你真正认可的那个答案，而这最正确的答案，其实你都是知道的，不是吗？与其满脑子左思右想地顾虑这个，顾虑那个，不如静下心来，开始规划下一步的具体行动。30岁了又怎样？没有结婚又怎样？想要追求理想的生活，就果断地行动，不断地向前奔跑。只有等你慢慢地经历过一些事情以后，了解到一些社会和人生的真相以后，你才会知道：其实不管处在人生的什么阶段，不管我们正在做着什么样的事情，多多少少，我们总归会有一些进步和收获的。就像是曾经有人说过的，养育孩子的过程就像是牵着一只蜗牛在散步，不管你多着急，他都有他自己前进的步伐，你不能使劲往前拽也不能过分往后推，最终的结果只能是陪伴着他一起按照他的速度向前走。孩子是如此，其实我们成年人也是这样，每个人都有自己不同的发展时区和节奏，有的走得快且稳，有的却走得慢且难，但这本就是我们不同的人生。即便你再不甘，再怨愤，也无法改变，只能让自己学会调整，学会适应，学会静下心来，一步一个脚印地踏实前进。

亲爱的宝贝，或许，我们每个人在自己的生活中都会或多或少地走到一些弯路，但这并不可怕。只要我们沉下心来将自己脚下的路走得踏实稳健，不虚度自己的每一分光阴，那么即使走的是弯路，这条弯路也能够带着我们走向更好的人生。努力走好当下的每一步，其实就是对日后的我们，能够做出的最好的成全。

第06章 改变不了环境和出身，但是你可以改变自己

生活中经常听到有人抱怨自己所处的环境太过复杂，所在的公司制度太过混乱，所从事的行业规范太过模糊，因而导致自己的发展缓慢或者近乎绝望。这样的吐槽经常会让我有一种“我就是上帝，我什么都懂，我什么都知道但就是什么都做不了”的不理解和疑问，既然你什么都知道，既然你清楚地知道弊端在哪里，那为什么有时间吐槽抱怨，没时间去改变呢？又或者，既然改变不了别人，为什么不去想办法改变自己呢？

让自己无可替代，才是你努力的价值所在

上个星期跟一个朋友聊天的时候，她问我有没有从事人力工作的朋友，因为她想咨询一些关于单方面解除劳动合同补偿的法律法规方面的问题。我连忙问是不是发生了什么事情，只听她无可奈何地对我说：“公司上半年业绩不好要裁员，我很不幸地被劝退了……”这点其实让我非常诧异，还记得去年她刚进这家公司的时候，还很兴奋地跟我说起过这家公司是正规的上市公司，各种福利待遇应有尽有，最关键的是离她家还很近，只有10分钟的车程。虽然整体来说，工资没有以前高，但自己还是比较满意的。

后来，我仔细询问了朋友的工作内容以后，老实说，我也能够理解并接受他们公司的这项决定了。朋友在公司里面担任行政助理一职，每天的工作内容其实就是一些事务性的杂活。而且，这个岗位上还有另外一个姑娘，主要做销售助理工作，她们两个互相配合，一个负责整个公司的内勤，一个负责销售部门的内勤。

对于她另外的这个同事，其实我还是有点印象的。因为去

年年底的时候，朋友跟我提过，那个姑娘准备报考一个会计资格证书，还想再报个英语培训班提升一下自己，问我朋友要不要一起结个伴。朋友当时问我建不建议她考，我当然是满口认同，极力鼓励她去好好学习，不断提升自己。结果没想到，朋友只是嘴上答应着，心里根本就没有将报名这件事情当回事，以至于报考的材料缺东少西，最终错过了报名的时间，而她那位同事则顺利报名成功并且现在已经拿到了证书。

这次劝退的时候，其实老板是想将她们两个都辞退掉，将内勤这个岗位取消掉，直接分配至每个部门自行解决。但是财务部那边刚好有个姑娘要回家休产假，缺少一个财务助理，公司一时半会既不想招人，也担心招到的人不是很合适。就这样，老板从她们两人之间做出选择，将她那位同事留了下来做换岗处理。而我这位朋友则悲剧地被劝退了。

现在，我朋友终于也下定决心准备一个学习计划，努力提升一下自己。想来这次的事情对她的刺激应该是蛮大的，但也的确是有点无可奈何。

罗振宇老师曾经在一次演讲中提到的：未来，你的报酬不是和你的劳动成正比，而是和你劳动的不可替代性成正比。我深以为然。处在当前这个变化多端的信息大爆炸时代，今天看似不可替代的岗位或行业可能在明天就会因为一个新技术的出现而被无情取代。曾经，我们的竞争对手可能是同行业的佼佼者，如今，每个人都不缺少学习渠道，每个人只要想就能够拥有足够多的信息来源，马路上随便抓一个人都有可能成为我的竞争对手，让我们时刻充满危机。

其实不管在任何时代，想要在一个地方长期立足并拥有一定的话语权，这“不可替代性”必定是你需要学会并掌握的一种能力。如果你每天的工作就只是做一些任何人都能做的活，毫无创新且几十年如一日。恐怕不用我说你也知道自己简直毫无竞争力可言。不用说未来，就算是现在，越来越多的征兆和趋势也在告诉我们：以后我们的竞争对手除了人类以外，还有人工智能。因此，亲爱的宝贝，如果你每天的工作内容只是重复地复制粘贴，那么，你真的应该好好想一想未来的出路，更应该从现在开始就做好可能随时会被淘汰的准备。只有当你的工作内容无人能够替代的时候，你才有足够的资本和自信立足下来。

在《寻找中国牛人》的网络节目里，我看到过一个全能司机，他的事迹让我至今印象深刻，每每遇到工作上的难题想要辞职放弃的时候，我就会想起这个司机大哥的故事。是他让我知道了什么叫作不可替代，也是他让我明白了职业不分高低贵贱，不管身处什么岗位，只有变得无可替代，才能真正实现自己的价值。

这位大哥名叫老朱，他给一个公司的老总做专职司机。老朱的文化程度并不是很高，但他很喜欢看书。他最大的优势就是热情，会来事，身边有很多能够互相帮助的朋友，遇到问题的时候自然能够找到很多的解决方法。所以，老朱从一开始的专职司机逐步变成了老总的秘书、办公室主任、后勤等多个角色。老板有时候需要出差坐车，吃饭住宿，甚至联系当地的客户接送等一系列事情，都由老朱负责。

原先，我以为这应该是一个家族企业中亲戚变员工的故事。后来才知道其实并不是，老朱和老板之间以前只是单纯的上下级关系。但是不管老板交代给老朱的事情有多么琐碎，老朱每次都能够同时拿出好几套解决方案，并从中选出最优解决方案，几年来从没有出过错。老板也曾经请过其他的专门秘书，包括综合协调人员，最终都没能做得长久，因为没有人能够轻易地替代老朱的工作。由此，老朱也就从一个普通司机变成了全公司上下无人不知并尊敬万分的全能司机，甚至还上了网络上的综艺节目，一举成名。

老朱说："在一个公司里，你的工作没人能代替，你才能基本上算立足了。"

一个普通司机有了超高的思想觉悟以后尚能如此，那么身为高学历、高学知的我们呢？首先你要想改变，然后再付诸具体的行动，我们的人生就也能够跟老朱一样，即便只是身处普通岗位，依然能够想尽办法，让自己变得无可替代。

再难，也要学会坚持

晚上11点钟，老赵正赶着北京最后一班回家的地铁，下了地铁以后，她还要再转乘一辆公交车，到站以后再步行大概10分钟的样子才能到达自己租的那个房子。好不容易挤上了地铁，但是连个能够倚靠的地方也没有。好在不用有什么倚靠，自己也不会摔倒，因为车厢里被挤得水泄不通，连个转身的空间都没有。地铁突然刹了一下车，老赵本能地想要抓住什么，她很想抓住上面的拉环，结果却发现，自己个子太矮，即便是踮起脚尖也还是够不到。再加上已经连续加班了好几个星期，老赵实在是太累了，最后索性将自己交给人流，跟着摆动。过了几个中转站以后，地铁上的人少了不少，虽然没有座位，但是好在有了能够转身的空间。于是，老赵寻找到了一个角落，蜷缩下来，也算是蹲下休息了。

蹲下来以后，老赵突然悲从中来，眼泪再也抑制不住地往下流，想起当初自己一个人跑到北京，成为一名正式的北漂，明明是想要过得更好一点，但来到北京以后才发现，这里的生活跟在老家比起来，简直是糟糕透顶。老赵白天在一家餐馆里打工，工作之余就摆开书本学习，最终的目标就是能够考上北京的一所名牌大学，为自己未来的路重新筹划。

然而，理想是美好的，过程却是十分残酷的。在餐馆打工的日子里，自己不知道挨了多少骂，又受过多少不被理解的白眼。为了节省开支，省下一点房租，老赵只能租住五环外的一个破旧地下室，每天距离她上班的餐馆有近两个小时的车程。就这样，老赵一个人度过了无数个暗自伤神的日子，多少次想要放弃的时候，老赵都狠狠心让自己再坚持一下。老赵不敢让自己懈怠，因为怕自己一旦放松，就会没有边际地沉沦下去。于是，老赵每天都是看书、写作到很晚才睡觉，第二天再照常上班和上课。老赵也很想跟别人一样能够轻轻松松地度过每一天，但是北漂的日子实在是太难熬了。为了让这些艰苦的日子能够赶快过去，老赵咬咬牙继续挺住。因为她知道，一旦放弃，未来人生的每一天可能都会是这样艰苦的日子。

于是，不管多么艰难，老赵从未放弃过自己的写作梦想，并慢慢地挑选一些自己非常满意的作品上传到网站上。终于，两年后的某一天，有出版社联系到了老赵，希望能够帮助她出版她的第一本书籍。就此，老赵的生活也算是见了光亮，开始慢慢改变。

现在的老赵已经成功实现了自己当初的梦想，成了业内小有名气的青年作家，但是每每提到当年那一段用力走过的时光，老赵总是感慨："过去的那段时光的确糟糕透顶，但也正是这段糟糕透顶的岁月给了我必胜的决心和勇气，也让我知道了自己的无限可能。人生曾经困难到这样的地步，未来又有什么好害怕的呢？其实，过去曾经流过的泪都是今日我渡过去的河，人生从来没有白走的路，越是在最困难的时候，越要咬着牙坚持下去。只要始终不曾忘记自己的初心，那么，我们终会在未来的某天与成功相遇。”

亲爱的宝贝，人生就是这样，我们每个人的生活都像是一条永远向前的河流，在渡过这河流的时候，你无须频频回首昨天，更不能把空想都寄托在明天，我们需要做的就是脚踏实地过好今天，不让自己摔倒在河流里。其实，只要找准自己的目标，认定自己的这个目标，脚踏实地去走好每一步，就一定可以一路欣然向前。目标太多，想要的太杂太浮夸，只会成为我们渡河时的绊脚石，稍有不慎就会摔倒，被河水冲走。因此，与其每天都为流逝的时光和自己的不努力而焦虑、惶恐，不如就从现在开始做出改变，结结实实地抓住属于自己的分分秒秒。只要每天告别一点点的不成熟，每天丢掉一些些的不完美，便离自己的目标又近了一步。亲爱的宝贝，希望有一天，你能够足够努力，努力到能够自信地对人说，那些离我而去的时光，于你而言是荒废，与我而言却是成长。

不管这世间有多少不公平的存在和无力改变，时间对于我们每个人其实都是公平且公正的，今天你的24小时会怎么分配，如何把握，其实完全取决于我们自己。

亲爱的宝贝，你选择将时间用来努力，用来积淀，用来改进而不是吐槽和抱怨，他选择将时间用来享受生活和陪伴家人而不是浑浑噩噩，这些其实都没有错，因为我们本就是不同的人，我们有不同的理想和追求。有人认为成功是福，有人却更认定平安是福，这些都没有错，只是反映了我们不同的人生和追求。而唯一需要提醒的是，不管我们拥有什么样的目标和生活，想要到达梦想的远方，我们就必须学会坚持和坚定。亲爱的宝贝，就像是骐骥一跃，不能十步；驽马十驾，功在不舍。不管我们怀抱着什么样的梦想，我们不想让梦想变成空想的愿望都是一致的。那么，想要实现梦想，我们就必须持之以恒地付出，最终才能够在某天收获到丰收的果实。

会赚钱，更要学会让自己值钱

听老姐讲了她同学的一个故事，那是一个80后女生，30多岁了。大学毕业的时候，这个女生在北京找到了一份工作，工资并不是很高，但是够养活自己。女生有一个梦想，就是希望能够在30岁之前依靠自己的能力环游世界，在巴黎的埃菲尔铁塔前度过自己的30岁生日。于是，找工作的时候，她就跟老板说，她只能干到29岁，因为30岁那一年她要去环游世界，老板同意了。当时，包括老姐在内的所有人都以为这只是女生随口说说罢了。然而没想到的是，就在女生29岁的那一年，她真的辞职开始了环球旅行。女生先从周边国家韩国、日本开始，再到北美、南美，再到欧洲……目前为止，她已经走遍了大半个地球，就在她过30岁生日的时候，我们看到了她从巴黎的埃菲尔铁塔那里传回来的照片。照片中的她笑得干净纯粹，一副美好而又安逸的模样。

我想，和大多数人一样，这位女生身上最值得别人敬佩的一点就是她对于梦想的执着和对于生活的洒脱。其实，多少人有着一样的梦想，但都只是停留在了梦和想的阶段。真正收拾起行囊，付诸行动的没有几个。究其原因，其实不是没有钱，只是因为割舍不下现有的生活，没有重新开始一切的勇气和准备。

其实，每每想到这位洒脱的姑娘，我总是会忍不住地自我反思：每一年每一天，我到底完成了人生的多少计划，做了多少与自己梦想相关的事情？我的人生目标又究竟在哪里？我努力的终极意义又是什么？

打开朋友圈，获得点赞数最多的时刻永远都是你向他人展示你人生最高光的时刻，似乎满屏的吃喝玩乐，满屏的奢侈品和演唱会，才是你值得向往和追求的人生。但其实，那些看上去的浮夸和热闹，那些看上去的美好和充实，终究不是我们人生的解药。我们根本不太需要这些华丽的朋友圈，更应该丢弃掉焦虑和遗憾。我们应该做的是踏踏实实地走好我们脚下的每一步。

如何才能成为一个值钱的人，而不是一个只会赚钱的人。我想，这是我们每个人都应该认真思考的一个问题。我们从每年的学习、工作、生活、行走中究竟得到了什么，想必我们每个人的答案会千差万别。这么多的时间究竟花在了哪里，也就只有我们自己知道。这世上总是有着太多的未解之谜等着我们去挖掘，却也有着绝对正确的真理等着我们继续实践。那就是：我们生活的世界从来都是一个公平并且残酷的世界，当你选择什么样的生活方式，其实也就决定了你想要成为一个怎样的人。你羡慕别人的好身材，就要付出别人一样多的时间和努力用于健身；你渴望拥有别人一样的气质和沉稳，就要学会将你的时间从毫无营养的肥皂剧中抽离而拿上书本开始阅读；你羡慕别人漂亮的面容和优雅的气质，就要学会严格要求自己的言行，勤于打理自己的生活。当我们每天抱怨着自己的赘肉却还在一边舔着冰激凌的时候，你有没有想过，其实别人此刻正在为了消耗掉今天多余的热量而在认真健身，努力运动；当我们以心情不好为理由将垃圾食品堆满沙发的时候，你有没有想过，或许别人正在极力克制自己想要吃糖果的心情……人生的所有一切其实都是极其公平的，没有任何人的成功会来得容易和随便，你每天只会对别人的这种生活表示艳羡，其实这根本就是没有用的，因为那终究都是别人的。如果你也想要拥有，那你就必须足够努力。

想要变成一个怎样的人，你的理想生活到底是什么样的，如何为了实现这样的目标而去努力奋斗，一步步规划，我想，这是我们每个人都应该思考清楚并尽快付诸实际行动的。每个人都希望自己能够做一个值钱的人，而不是一个只会将或者被迫将自己的时间都用于赚钱的人，这两者之间其实是一个主动和被动间的天壤之别。但正是生活中的这些细小差别，慢慢地发生着的小变化，日积月累，让他们最终成为了他们，而我们有可能还是我们。因此，亲爱的宝贝，未来的人生，该怎么做，你清楚了吗？

逃离舒适区，勇敢迈出人生新步伐

生活中的我们总是会有这样的时刻：课堂上老师提出一个问题，自己明明很想回答，却没有自信一定不会错而不敢争取主动；明明当初自己去参加聚会的目的是多认识一些陌生的朋友，开拓一下朋友圈，结果到了聚会当晚，相聊的还是那几个相互熟悉的人；明明知道晨起锻炼身体对自己好处多多，却还是改不了每天熬夜晚睡的习惯……没错，从某种天性上来说，我们对接触陌生事物和改变固有习惯有着一种天然的抗拒，我们总是习惯于窝在自己构建的那个舒适区里面，从不愿轻易改变。所以，从一定意义上说，我们每个人的选择其实都是在我们能力范围以内所做出的自认为最优的选择，因而可以说，我们每个人其实都是安全感的奴隶。

人生在世，我们每个人都有自己不同的舒适区，它或者是一成不变的节奏，或者是不愿做出改变的一种状态，更或者是很多你早已习以为常的习惯。在这个熟知的安全区域里，我们的日常生活总是被熟悉的事物填满，因为这些会给你带来满足，让你认定“人生本就该是这样子”。这一切的理所当然无比熟悉，让你根本不会去思考为什么，也根本不会去追问为什么。你只会觉得这一切是那么的舒适，让你放松，让你能够掌握，能够拥有足够的安全感。这是我们人类的本性，也是我们的天然惰性所在。没有外在的压力和期望造成的不安，我们往往会心安理得，得过且过。

但是，亲爱的宝贝，你我都无法保证我们能够永远待在自己的舒适区里面不受任何威胁。并且，在你从未走出舒适区，看到自己真正拥有的潜能时，你其实是无法理解自己能够有多棒的。当你真正走出去以后，你必定会发现一个很不一样的自己。常年待在舒适区的最大弊端是会让我们逐渐变得麻木，就像是被温水煮着的青蛙，习惯了越来越热的水温，忍受着越来越恶劣的生存环境，直到最后想要逃离的时候，却发现自己早已失去了跳出的能力和在外生存的能力。得过且过，是一个特别恐怖的词语，是人生在世面临的最无可奈何。怀抱着得过且过的心理会让我们失去对每天多学一点、进步一点的干劲和热情，会让我们陷入越累越麻痹，越麻痹越辛苦的负能量怪圈。

因此，亲爱的宝贝，当你发现自己身上已经开始有了这些征兆的时候，应当立刻抓紧时间，尝试一下走出自己的舒适区。毕竟未来变化多端、不可预料，我们唯一能够做的就是提前做好万全的准备，随时应对这世界出现的新变化。确实，我们每个人都有自己的现实顾虑所在，因此，我们总是会出于这样那样的客观原因，不敢尝试新的事物，不敢踏出那一步。但我们完全可以让自己在可控的范围内适当得走远一点，挑战一些通常不太会做的事情，经历某些不确定的东西。

鞭策自己勇敢地走出自己的舒适区能够让我们更清楚地认识自己，发现自己的潜能，让你了解到更为全面的自己。或许，等你走出来以后，你会发现，原先那些你认为太难或者不愿意做的事情其实也还是有实现的可能。同时，督促自己早些迈出舒适区，的确能够让自己找到更聪明、更有效率的工作方式，让自己在处理新的变化和意想不到的变化时也能够变得更加容易。因此，我们应让自己勇于走出舒适区，勇敢地迈出人生的新步伐。

亲爱的宝贝，当我们开始挑战自己的时候，其实我们自己的舒适区也会逐渐得到调整。并且，当我们勇敢走出第一步，开始接触新鲜事物和新的知识以后，我们会对自己原有的知识结构进行反思，会以一种新的视角和更高的要求重新审视自己，激发出我们更多的学习兴趣并向固有的习惯和成见挑战，在新旧交锋和碰撞中不断地充实我们自己，成为更好的自己。

其实，我们每个人都有惰性，偶尔的懒惰其实也并不是一件很可怕的事情，因为我们总归也会有需要休息和调整自己的时候。可怕的只是让懒惰成为习惯，让胆怯成为常态，我们逐渐丢失了自己，最终迷失了自我。因此，亲爱的宝贝，我们应当时刻提醒自己，只有当我们始终保持开放的心态，不间断地接受那些外在的挑战和刺激，同时不放弃对自我目标的探索和追求，最终才能够真的不负此生。只有在适当的时候跳出自己固定的舒适圈，我们才能够不停地遇见更大的世界，才能够越发逼近那个最真实的自己，看到我们最活力的模样。亲爱的宝贝，只有当你内心真正觉醒以后，你才会主动要求跳出自己的舒适区，而只有你真正远离自己曾经的舒适区以后，你才会变成一个更好的自己。你会发现，你真正的人生开始了。

第07章 努力奔跑，去遇见更好的自己

在现在这个知识、信息共享的时代，每天都有数不清的东西在升级演化。从不断兴起的网红到各种直播软件，从诸多的线下活动到线上活动、知识付费……人人都在抓紧时间利用网络分享着自己的产品，分享着自己的专业知识，因为这时代的风起云涌和快速变化让每个人都明白：徐徐前进只会被他人远远地甩在后面，只有快速奔跑起来，才能跟上别人的步伐，让自己不至于落后。亲爱的宝贝，千万不要等到别人都已经早起奋斗成功了，我们却还在考虑要不要早起。

不要透支属于未来的美好

曾经认识这样一位姑娘：不管什么时候出现，出现在何地，她的衣着、妆容永远都是精致不重样的。即便只是一起出去逛个街，吃个饭，她也一定是人群中最亮眼的那一个，并且，她的口头禅就是：女人嘛，就是要活得漂亮，活得精致，才对得起自己。姑娘不光对自己的衣着妆容有很高的要求，还经常计划着到处旅游。有时，走着走着，她会突然对我说，她想去看埃菲尔铁塔，还想去敦煌，想去骑行，想去看极光。甚至，她的计划里面还有去学习茶艺、烘焙，去法国定居一段时间等。

听着她这样的口气，你会以为她是一个富家千金，至少是一个不愁吃穿的姑娘。但是，事实截然相反。接触过一段时间以后，我才发现，正是因为她对于自己衣着妆容方面的超高要求，她总是承受着比我们要大得多的压力，她的信用卡每月都是超额消费，次月又不能立刻还清。债务越积越多，曾经一度被列入失信名单，但即便是这样，她还是控制不了自己的购买欲望。见到心仪的裙子还是会继续透支信用卡再次购买。家中的裙子多到柜子都塞不下，却又舍不得丢弃。在了解了她的情况之后，我经常劝她要学会节省开支。但她从不认为自己的行为习惯有任何不妥，更不认为自己的生活有什么问题。

而让我最不能理解的是，她的收入并不是特别高，因为她的工作非常不稳定。而不稳定的最大原因就是她的跳槽总是很快速，在单位里稍有不如意，或有一些轻微的摩擦，就会让她下定决心辞职。因为她不愿意迎难而上，更不允许自己委曲求全。于是，她就这样盲目地走着，却从没有反思过自己的生活方式已经严重透支了她目前的能力。就这样，她的生活一面是一个个华丽丽的美好愿望，另一面却是赤裸裸的悲惨现实。

或许，有人会说，谁的生活不是一面是华丽的美好愿望，另一面却是赤裸裸的悲惨现实呢？确实，就像是一枚硬币的两个面，我们每个人的生活都有着不可分割的两面性。但是，这并不代表着我们应该就此放任并人为地扩大这两面之间的落差和距离。人生的一路风雨太多太多，没有谁能够每次都很及时地赶到你的身边为你撑伞。只有学会将雨伞握在自己的手中，才能够避免自己被淋湿。

生活在现在这个信息爆炸的时代里，很奇怪的一件事情是，我们好似看多了别人的成功和别人的生活，就越来越会有一种错觉，这种错觉会让我们感觉一种一切得来都很容易。“我也值得这样的生活，我的生活应该也是这样的，或者这样美好的生活离我很近，近到我随时都能够拥有，而我之所以没有拥有，只不过是因为我不想而已。如果我想的话，我也一定很容易就能达到。” 但其实，既然一切都很容易，又为何不真的努力争取一下呢？你我都知道，凡事总是说着容易做着难。

如今，我们每个人的欲望都在无形中被诸多的引诱越放越大。在这个时代里面，我们有着太多的机会和渠道能够看到超出我们想象的快速发展和机遇，让我们对欲望实现的渠道门槛降得越来越低，甚至产生一种唾手可得的错觉。但其实，这些被提前预支的欲望的满足并不会对我们的人生发展有着更好的帮助和支持，只会让我们产生一种似乎不用过分努力就能通过风口获得成功的错觉，这种错觉让我们对人生的成功充满了偶然性和侥幸感。

曾经有人说，在这个时代，哪怕是头猪，只要站在风口上就能飞。确实，人生就是有这么幸运和奇迹的时刻，让你不费吹灰之力就能够轻松得到心中所想。于是，多少人一拥而上，都去追寻这看不着摸不到的风口，等待着奇迹也降临到自己的头上。但是，又有多少人认真看到了这段话的后半句呢？风口既然被称作风口，就总是会有消散的时刻，而等到风口退去的时候，那些被吹上天的猪却也是跌得最惨的。因此，亲爱的宝贝，学会提升自己的能力，让自己的能力能够匹配你内心的欲望，这才是我们应该努力的方向，才是我们值得为之付出并争取的方向。

亲爱的宝贝，拥有多少能力，就能够享受多少美好。反之，想要追求多少美好，就让自己学会努力，学会提升相应的能力。学会将现有的资源与自己的能力适配，砍掉超过自己能力的欲望，即便那些美好真的很诱人。上帝从来都是公平的，世界上没有任何一个人活着这一世会不受任何的委屈、挫折和打击。面对同样的颓废和沮丧，唯一不同的就是：有些人很快就能够走出颓废沮丧，而有些人面对打击，一生都在破罐子破摔。我一直都认为，评判一个人强大的标准不是看他到底征服了什么，而是看他学会承受了什么。就正如评判一个人成功的标准从不应该在于他能够站得多高，而应该看他到达谷底以后，多久能够再次反弹出来。一个懂得不断提升自己能力的人明白一分耕耘一分收获的道理，自然也会懂得拥有多少能力就去享受多少美好的道理。而一个拎不清、搞不清楚自我位置的人，即便想尽一切办法获得了自己渴求的美好，这份美好又能够持续多久呢？因而，人生贵在公平与匹配，只有不断增强自我的学习能力，才能让自己拥有那份享受美好的能力，才会让自己的欲望与自己的能力对等，长久享受这份能力带来的美好。而在自己还没有足够能力以前，先不要急着去享受。你所透支的不过都是原本属于未来的美好，而就像是借了人生的高利贷，这份透支只会让你的可贷余额越来越少，而还贷的压力越来越大。

努力，是为了让自己敢于说出“我敢”

蔡康永曾经在综艺节目《奇葩说》里说过这样一个消极的幸福标准，他说：“我对于幸福的一个重要标准，就是可不可以常常保持对不喜欢的事情说‘不要’，说‘不’是一件非常幸福的事情，因为你不用强迫自己掉入一个泥沼中无法脱身，让你失去了说‘不’的权利。通常，你会失去幸福感完全是因为你对很多事情都没有办法说‘不’。因此，你在做任何人生的重大决定时，永远都要想一想这个重大决定有没有剥削你说‘不’的权利。前期你能积累越多说‘不’的权利，后期你就越容易开心。”说实话，我很喜欢这个有关幸福的消极标准，因为人生能够对自己不喜欢的事情说“不”，真的是一件非常幸福的事情。

去年搬到新房子以后，楼底下有一个宠物店吸引了我的目光。这家宠物店并不是很大，大概十几个平方米吧，但是装修却十分别致，很有自己的个性。老板娘是一个看上去跟我差不多大的姑娘，每天就是她自己在店里经营。这家店听说已经开了有五六年，每次路过，店里都会有那么几个老主顾在里面坐着聊天，互相逗弄自己的宠物。

上个月的时候，我突然观察到店主在自己的店门口放上了一个精致的指示牌，上面写着：营业时间中午11点到晚上7点，周一、周六全天休息。我原以为，定是这么多年以来，生意也不怎么好吧。结果却不尽然，每每周一、周六路过的时候，总能看到有客户在询问，这家店怎么今天不开了？于是，我从一开始的疑问变成了由衷的感叹：做老板真好，真是任性，想开就开，想关就关。

后来有一次周日，快到关店的时候，店里人不多，我也刚巧路过，便想进去给我家猫儿子买点干粮。结账的时候，我就随口跟老板聊了聊，我指着门口那个精致的营业时间表说：“你们现在的营业时间有点短吧。”姑娘笑了笑，说：“也不算短了，每天8个小时呢。”我又接着问道：“万一人家要来买东西，你不是错过生意了，这不是放着钱不赚嘛。”姑娘摇了摇头说道：“那我也不能一直把自己绑在店里呀，现在每天营业8个小时，周末休息一天，剩下的时间我就能够有自己的生活啦。我能每天做做饭，偶尔出去看看电影，逛逛街，学点自己想学的东西，也可以有时间陪我男朋友。我们努力赚钱的目的，不就是为了实现财富自由，为自己赎身，能够对现实说‘我敢’吗？我这小店虽说不能让我实现财富自由，但好歹也温饱不愁了，我就应该好好过自己的生活啦。”店主的一番话醍醐灌顶，让我一下子就明白了许多。

确实，无论多勤劳，钱是永远赚不完的。不吃不喝不休息地连轴转，都不能够将这世间的钱赚个够，只有在适时的时候停下自己追求的脚步，适当享受，我们赚钱的生活才会变得更有意义。

后来跟老板熟络了以后，我也逐渐了解到了这家店刚刚开业时的艰辛。姑娘说，前几年的时候，她每天在店里待的时间会超过15个小时。每天早上不到8点就开了门，寻思着有些上班族要早起上班，只能趁着更早的路过的时间买点东西，将自家的宠物带过来做一些项目；晚上10点半以后才会关门，如果有客户正在里面的话，当然还会更晚。最麻烦的就是自己出去进货的时候，为了保证店里有人，每次都要麻烦家人或者一个可靠的朋友帮自己暂时看管一下，就是为了防止错过哪个客户。就这样，姑娘积累了5年，终于有了足够多的客源，给自己争取到了一些休息时间，为自己“赎”了身。

前几天路过的时候，突然发现店里多了一个女雇员，但门口的营业时间表却还在，还是跟以前一样的每天8小时，每周5天。老板不在店里面，我便进去跟美女雇员聊了几句：“你都过来帮忙了，你们老板还不更改营业时间吗？”小美女笑笑回答我：“我们老板说了，我们本就是一家小店，不用服务每一个顾客，只要服务好一部分客户就行了。”仔细想来，老板的逻辑确实有点道理，小店本就是宠物店，自是只用服务一部分客户就行了。我也依然记得当初她说过的很有道理的那句话，努力赚钱的目的就是让自己能够对现实说“不”，说一句“我敢”。

回想这么长时间，历经好几年的时间，从全天营业到缩短营业时间，再到雇用全职员工，姑娘终于用她自己的努力为自己一点一点积累了更多的自由和对现实勇敢说“不”的权利。很多时候，我们都能够听到周围的人提到太多的不得已和苦衷，在他们的口中，自己总是不得不加班，不得不晚睡，不得不做一些自己并不喜欢的事情，不得不对着讨厌的人逢场作戏，不得不跟男朋友异地相望……在太多的不得不面前，我们似乎变得毫无话语权，于是总是倍感生活的辛酸和活着的不容易，似乎这就是我们生活的常态，总是沮丧、无奈，充满了不得不，毫无幸福可言。

所以，亲爱的宝贝，在还没有足够的条件和资本之前，我们需要付出足够多的努力，为自己的未来储备说“不”和“我敢”的权利。就像是当初的宠物店老板姑娘，在自己还没有足够多资本之前，就默默地努力为自己积累，为自己积蓄能量，终有一日，也一定能够实现自己的时间自由，能够勇敢地对现实说“不”。

亲爱的宝贝，我们都会有疲惫和想要放弃的时候，但是在疲惫的时候，在你想要放弃的时候，请你学着鼓励一下自己：今天的每一份努力，或许就可以为明天减少一些不得已，就能够让自己对不想做的事情就不做，不想见的人就可以不见。进而对外来的一切，觉得好的就接受，觉得不好的就拒绝，而不是一直深陷在“被迫谋生”的泥潭中。

勇气，会让我们越活越精彩

有人说，人生极苦，就像是一个苦瓜，不管是放在水中浸泡，还是煎煮蒸炸，放入口中以后，苦味依然不减，因为这就是它的本质。但也有人说，人生的本质其实更像是一杯白开水，生活的滋味主要看你往里面放入什么，你选择往里添加蜂蜜，你的人生就会是甜的，你选择放入盐，那人生就是咸的。我说，其实人生的痛苦和快乐，一直都来源于我们自己的内心。你的心是苦的，人生便会如苦海无边。你的心是甜的，人生就处处都是曼妙风景。人生就是这样，你我都无法改变，能够改变的其实只有我们自己。当你遇见微笑的时候，尝试着学会分享，遇见坎坷的时候，就让自己学会勇敢。

“我不害怕变老，但是我害怕失去勇气。”著名歌手朴树曾经在一个节目里这么说道。足以想见，勇气，对于任何人来说，都是一个充满力量的存在，是我们每个人都应该追求和拥有的品质。勇气是什么？勇气是一个充满力量的词语，能够让你在遭受到人生中的不公平时，勇敢地进行抗争；能够让你在受到质疑的时候，勇敢地坚定地做你自己；更可以让你在面对机会的时候，勇敢地站出来告诉他人，我可以……有时候，也许我们离梦想成真的那一刻并不是很远，也许就在那一刻，只要我们能够勇敢地站出来争取一下，我们就能够获得成功，但是，我们缺乏的，往往就是机遇来临时的那一刻，我们向前再迈进一步的决心和勇气。

百度百科上说，从心理学角度来说，勇气是个体意志过程中的果断性和具有积极主动性的心理特征相结合而产生的士气状态。这样的解释很官方，也很概括。在我看来，勇气其实并没有那么抽象和复杂。勇气应该是一个人与自我的沟通与对话，是当你面临一个情况的时候，你会自己问自己，我该怎么做，才能够让自己最安心，并且不会留下遗憾。

其实，生而为人，我们都曾有过属于自己的那一段黑暗而又绝望的时光，那时的我们有可能是在面对一项重大的抉择，这个抉择让你对自己的未来充满忐忑。又或者，自己规划好的前途被横生的意外突然打破，你只能独自一人在夜间默默流泪，感到悲伤和可惜，将自己裹在被窝里，带着惶恐和不安慢慢失去意识，进入睡眠状态。但是，第二天早上起来，伸伸懒腰，看看外面正在升起的太阳，微笑着对自己说：今天又是美好的一天，再重新努力开始奋斗吧。人生就是这样，只有勇敢地冲破黑暗，我们才能够看到明天的阳光。勇敢的人，从来都不是不会流泪的人，而是饱满热泪却还是会继续奔跑的人。就像尼采曾经说过的："受苦的人，没有悲观的权利。一个受苦的人，如果悲观了，就没有了面对现实的勇气，没有了与苦难相抗争的能力，结果他将会受更大的苦。"面对苦难，只有学会正确面对，快速放下，迅速让自己的伤口愈合，才能尽快恢复健康，成为一个正常人。

看武侠剧的时候，经常会有这样的片段：但凡是武林高手，都会自我疗伤，即便伤得很严重，只要拥有强大的内功，便都能很快地自我恢复，只有那些一点内功都没有的小喽啰，一旦受伤就直接危及性命，生命垂危。同样地，我们在人生中经历的种种委屈、挫折和打击，总是会让我们的人生变得伤痕累累。这时，只有学会勇敢面对，拥有超强的自我修复能力才能够与那些懂得内功的武林大侠一样，用超强的内力让我们的血肉之躯停止流血，尽快恢复到最佳状态。

在我们生活的世界里，其实从来就不缺乏勇敢克服现实困难的人，在他们的身上，我们总是能够看到令人热血沸腾的勇气和对追求生活真相的执着与坚持。就像是阿米尔汗在电影中对印度当地教育落后、种姓压迫的真实揭露。熟悉阿米尔汗的人都知道，他可以说是一个成功人士，但是他仍然没有忘记让自己充满斗志，充满质疑世界的勇气。又再如朴树生如夏花般绚烂的人生感悟，这也是人生具有勇气的另一种呈现形式。具有勇气并不是让我们一定要跟别人争辩、争吵，甚至斗殴，而是对我们人生挫折的不服输，对我们世俗社会的挑战和质疑，就好比武则天对男权社会的挑战与颠覆，又好比学子们为了高考全力以赴、不放弃的感人模样，更好比一次次失败和挫折后眼神里没有熄灭的光芒……

拥有勇气能够让我们即便遭遇打击也依然能够骄傲地活着。就像是音乐大师贝多芬，作为一名音乐狂热追求者，一位颇具有创造性的作曲家，命运却偏偏捉弄他让他成为一名失聪者。如果是你遇到这样的人生打击，试想，你会有多沮丧。确实，贝多芬也曾沮丧过一段时间，因此他被世人认为是“厌世者”，因为他的音乐里面饱含了悲伤和凄凉，但是，他又实在是一名勇者，一名勇气可嘉的孤独者。失去了听力，却依旧不放弃生命中的音乐，这又隐藏了多少的勇气和胆量。于是，终于他成功了，并成为世界音乐史上的经典和楷模，继续鼓舞着一代代的后人追寻他的脚步。

亲爱的宝贝，学会拥抱勇气，学会勇敢地对心中的梦想说“我行”，学会勇敢地对扑向你的质疑说“不”，学会勇敢地对内心的魔鬼说“拒绝”。然后你会发现，勇气是你突破自己，迈进成功的第一步。拥有了勇气就像是拥有了璀璨星空中最闪亮的那一颗星星，能够给我们指引方向，就算我们偶尔迷失，也能够帮助我们朝着光亮走出黑暗。最终，带领着我们实现梦想，迈向成功。

自己才是自我人生的伯乐

在通往成功的道路上，命运总是会将我们推向风口浪尖。身处其中的我们，也总是会当局者迷地看不清前进的方向或找不到终点的方向。这时，我们能够依靠的只能是我们自己。世上人那么多，上帝没有空为我们一个个地指点前进的方向。再者，永远没有一帆风顺的人生，上帝为我们每个人铺设的通往成功的道路总是种满了荆棘，而能够解决这一切的，同样只有我们自己。因此，未来的人生，一切都要靠我们自己。

人生在世，我们每个人都是一个独立而又特殊的存在。我们有着自己的思维和行动，外部的环境条件或许会对我们取得成功的方式有一定的影响和些微的改变，却改不了我们的命运和奋斗的本质。软弱的人面对挫折的时候总是会选择逃避，而强者在面对挫折的时候，却首先会理性分析，然后再用乐观的心态去面对。因为对于强者来说，生命中的一切挫折不过都是一个新的起点。而对于弱者，当你选择用抱怨和悲观的心态面对一切的时候，只会让自己一事无成，沉迷其中，将自己推向失败者的行列。因此，心态很重要，我们要学会依靠自己，调整自己的心态，改变对生活的不满，实现对生活的调剂。

很多时候，生活中的失败者并不是被困难吓倒的，而是被自己打败的。要知道，强者和弱者之间的最大差异其实就是对于自我的了解和认识不同。你越是能够充分地了解自己，调整自己的状态，让自己随时随地用最积极的心态去面对、用理性的思考去掌握自己的人生，你就越能达到人生最高的巅峰。因为，越长大越有所经历，你便越会明白：在这个世界上，能打败你的人其实只有一个，就是你自己。而真正能够拯救你的人，也只有一个，还是我们自己。不管何时何地，处于什么样的人生状态，我们自己才是自我人生路上最大的困难，这个困难没有其他的解决方式，想要战胜它，只有依靠我们自己。

马云在二十多岁刚刚毕业的时候，曾经应聘过三十多份工作却全部都被拒绝了。后来，他想做警察，和5位同学一起去考试，又只有他一个人没有被录取。再后来，他甚至去面试杭州第一个五星级宾馆的服务员，却依旧没有被录取。但是，他从未放弃，不断地告诉自己从头再来。现在，最为人津津乐道的故事，应该是当年的马云曾经还去肯德基面试过，当天面试的人总共有24个，23个人被留了下来，唯独他又被拒绝了。试想，那时的马云背负了多大的压力。但是，他从未放弃过自己，更从未失去对人生的希望和期许。他默默地努力，不断地调适自己，并用自己的激情不断去感染身边的人，最终取得了成功。后来，他对世人说："任何团队的核心骨干，都必须学会在没有鼓励、没有认可、没有帮助、没有理解、没有宽容、没有退路，只有压力的情况下，一起和团队获得胜利。成功，只有一个定义，就是对结果负责。如果你靠别人的鼓励才能发光，你最多算个灯泡。我们必须成为发动机，去影响其他人发光，你成为核心，才能获得自己的成功。"

种子要依靠自己的力量才能够挣脱泥土对它的压迫，锻炼自己的躯干，最终破土而出，生长于天地之间。毛毛虫也只有依靠自己的力量才能够破蛹而出，蜕变出蝴蝶，飞舞在花丛中。

我们则更是如此，只有勇敢地依靠自己的奋斗，战胜挫折，不断历炼，才能够真的成为生命的强者。因为，世上的命运从来都是靠我们自己才能够改变。如果自己软弱颓废，即便拥有再好的出身和条件，也只会是成长的负担和过多的保护，就像是离开了温室的花朵，会立刻枯萎。只有自己自立自强，即便身处乱世，情况艰辛，也一样能够获得自我的成功，不是吗？

《超级演说家》的冠军刘媛媛曾经说过这样一句话：命运给你一个比别人低的起点，是想告诉你，让你用你的一生去奋斗出一个绝地反击的故事，这个故事关于独立，关于梦想，关于勇气，关于坚忍。确实，人生在世，谁没有过沮丧困顿的时候呢？如果成功当真来得那么容易，获得成功的人会比比皆是，成功又怎么会真的值得拥有、努力追求呢？

亲爱的宝贝，我们的人生总是一个漫长而又复杂的历程，我们困顿于此，奋斗一生的意义可能就是为了去寻找那个合适的平衡点，能够让自己完成与世界的接轨，感受到世界的美好。但是我们没有办法去改变过去的生活，更加难以预料日后的生活，我们能够做的其实就是用自己的态度来改变现在的每一天，不让自己因为一时的灰心就放弃对生活的希望。毕竟，与其每天抱怨着困境里的磨难，不如让自己勇敢地尝试一下其他的可能性；与其将自己的人生限制住，不如选择开放心态，活出属于自己的骄傲和精彩。

第08章 既然都要努力，那就选个好的目的地

小的时候总被问，你的梦想是什么？我们会说，科学家、医生、老师，又或者画家、宇航员、超级英雄……答案不一而足，但是这些梦想就是那时候我们心中最神圣的所在。我们按照这样的梦想不断地努力学习，这过程中接触到更新的世界，我们或许又会有更新的梦想。但是，不论梦想发生了怎样的改变，想要实现梦想这个目标是从来都没有改变过的。不管你承认与否，我们的人生始终都应该是有一个目的地的，有了明确的目的地，我们才能够明确人生前进的方向，才能够更好地知道如何努力，怎样努力，才能够到达成功的彼岸和目标的远方。亲爱的宝贝，如果，此刻的你还没有明确自己的目的地，那么，请尽快想清楚。

坚定自我，勇敢前行

小时候的我们总以为：越长大，便越独立，越独立，便越自由。但长大以后，我们才明白：很多时候，独立与自由并不会成正比，但独立却是实现自由的基础。缺少了人生的独立，便永远就像一个长不大的孩子，也就没有办法追求自己的人生自由。

追求梦想的过程是辛苦的，因为我们每个人都有着自己的桎梏和枷锁。于是，不论是在生活中还是在追求梦想这条道路上，我们总是能够听到很多不一样的声音。有那些自认为是过来人的长辈，打着关心你的旗号对你的人生指指点点，出谋划策，好似他们真的能够预测未来，更能够将你的前因后果看得一清二楚。仿佛只有听了他们的建议，你才有可能变成人生赢家。唯一让人不解的是，如果成功真的如同他们讲的这般就能获得，为何现在的他们只是如此的平庸和唠叨。

除了这些来自长辈的声音，我们也总是能够听到父母的声音、朋友的声音、同事的声音……他们每个人都有各自不同的立场，他们对于你孤注一掷、一腔热血追求遥远梦想的过程充满了质疑和反对，他们喜欢用自己的经验告诉你前方可能会有多可怕，你会遇到多少的困难和不确定。而对于这一切的不确定，他们只有一个最终的声音，拦住你前进的脚步，按捺住你想要往前飞的心情，将你牢牢地绑在原地，和他们一起待着，一动不动地一起变老。

电影《摔跤吧爸爸》里面有过这样一个有趣的片段：男主人公马哈维亚是印度有名的摔跤好手，一心想要摘下奥运冠军的金牌为国争光。无奈，自己最终因为种种原因而无缘奥运金牌。于是，马哈维亚将自己的希望寄托在了下一代的身上，希望老婆能够为他生下一个男孩，他好训练自己的儿子继续为国争光，实现自己的梦想。可惜，天不遂人愿，马哈维亚的老婆一连生了两个女儿，而未能给他生下一个儿子。不死心的马哈维亚到处求神拜佛，想要上天圆了自己想要有个儿子的梦想。这时候，村民们得知了马哈维亚的心愿，纷纷为他“出谋划策”，有的让他在特定的时间里控制好自己的欲望，有的让他每天都喝黑牛的牛奶，有的让他一定要诚心诚意，沐浴斋戒，有的甚至让他付出血的代价，以表诚心。求子心切的马哈维亚一一照做，等到老婆分娩之日，生下的却还是一个女儿。垂头丧气的马哈维亚什么也没有问，什么也没有说。那些曾为他出谋划策的村民们却早已统一了口径：一定是他马哈维亚没有按照自己所说的去做，上天才会借此惩罚他。如果非要找一个理由的话，那便是马哈维亚相信的神明太多，没有找准一个神明保佑，才会如此赔了夫人又折兵。面对如此的结局，马哈维亚自此不再信神，选择只信自己。

人生前进路上，我们总是能够听到很多不一样的声音。对于人生路上的这些不一样的声音，让我们做到完全充耳不闻也不太现实，但我们应该弄明白问题所在，并想清楚我们内心的真实追求和声音，不能任由自己被这些声音左右。否则就会像马哈维亚遭遇的一样，当你真的听了他们的意见，并为此付出了真诚的努力却还是失败了的时候，他们的声音不但不会消失，还会就此增加另一种嘲笑的声音："我早说过如此，你偏不听我的。一定是你没有按照我说的方法去百分百执行到位，否则一定会成功的。"

要我说，如果再失败了一次以后，你还是要选择相信别人的声音大过于你自己的声音，那么到时，你只会哭得更惨。当你的意志力不够坚定，总是被这些不同的声音影响，而忘了自己应该要去向何方的时候，不妨让自己先停下前进的脚步，保持原地踏步。毕竟，当你的前方是深渊的时候，及时回头立即止损就已经是一种前进了。

这几天一直在家专心写文章的时候，有人对我说："你写这个有什么用？别写了。"当下的那一刻，其实很想怼回去："我写不写关你什么事，碍着你了？"但是，这句话终归还是没有说出口。仔细想来，与此人的关系是一回事，我自己内心的不坚定却又是另外一回事。曾经我一直以为自己是一个对于梦想有着近乎偏执追求的人，自己能够在任何困难的条件下坚持下来，但是不曾意料的是，面对这一句小小的质疑，我的内心竟因此颤抖了一下。这让我所思良多，开始反省自己的态度和对梦想的坚持程度。试想，如果只是几句话就能够让你梦想的小船为之颠簸，甚至倾覆，那么，你的这艘梦想小船该有多小啊，你又怎能抵挡得住未来的风风雨雨和大风大浪啊。

亲爱的宝贝，梦想应该是一艘巨轮般的存在，只有想要实现它的心坚如磐石，才能够抵挡得住外界一切的质疑和诋毁。或许，在实现梦想的过程中，面对这些质疑和诋毁，你做出的任何辩驳都是苍白且无力的。这时，只有脚踏实地地沉下心来，静静地倾听自己内心的声音，坚定自己想要前进的方向，然后扬起风帆，不管前方的暴雨和雷击，仍然勇敢地向前进，最终才能够行驶到梦想的彼岸，才能够让这些质疑声彻底自动消失。

学会为自己挖井，才能赢得一片天地

曾经听说过这么一个有关两个和尚挑水的经典故事，甲、乙两个小和尚原本住在两座相邻山上不同寺庙里，因为一次偶遇成了一同挑水的好伙伴。自从两人相遇以后，便约好在每天的同一时辰下来挑水，互相做伴。就这样，一晃五年的时间过去了，某一天早上，当甲小和尚如约下去挑水的时候却发现乙小和尚没有到。甲小和尚左等右等却始终等不来乙小和尚，以为他只是睡过了头，便自己挑了水回去了。第二天，第三天，第四天……却依旧没有见到乙小和尚下来挑水。这下，甲小和尚变得担心了起来，他是不是生病啦？怎么病了这么久还没有下来挑水呢？甲小和尚心里这么想着，便赶紧往另一个山头上赶了过去，想看看乙小和尚到底怎么了。

不曾想，乙正面色红润地练习着太极拳呢，一点都不像是一个星期都没有喝过水的人。甲急忙询问缘由，却被乙笑着带到一口井面前。原来，当甲每天挑完水就开始嬉戏玩闹的时候，乙却开始为自己的未来和晚年谋划了。于是，每天挑完水，不管当天的课业多么繁重，乙总是会抽出一点时间来挖井。不论是酷暑寒冬还是狂风暴雨，乙从来没有停止过。就这样，五年的时间过去了，乙的井终于挖成了。自此，乙再也不用自己下山挑水了。而且，井就在寺庙的旁边，就算以后到了暮年，或者自己生病了没有人照顾的时候，乙依旧能够有属于自己的井水喝。

生活中像这样两个小和尚的故事其实并不少见，有人说乙真不地道，一起打水五年的时间，他都没有教一下甲也要自己动手挖个井，而是自己默默在山上挖井，辜负了甲的真诚相待。私以为，这样的逻辑的确有一定的道理，但又是站不住脚的。你怎么知道乙在这五年内没有跟甲透露过自己的计划呢？又或者说，如果甲真的是一个善于观察、懂得思考总结的人，在这五年的时间里，又岂会对乙除了挑水以外的生活一无所知呢？其实，人生是我们自己的，没有人有义务和责任将自己的计划和盘托出讲给你听。即便是自己的父母，也没有这个义务和能力可以将你未来的生活全部都规划好。因此，亲爱的宝贝，与其抱怨别人没有及时告知你，不如花点时间仔细想想，为何别人知道的事情你却不知道。别人与你都是独立的个体，在你感到迷茫不知所措的时候，别人或许也是在一步步的摸索中慢慢领悟，这才有了超出你的感受和理解。这样的情况下，别人为何有这些义务非得一步步地如同教一个婴儿一样慢慢教你呢？在你向他索取帮助，埋怨他为何不早日告诉你的时候，你有没有思考过自己的问题所在呢？因此，人生实苦，苦就苦在没有人能够替你走完这一生，人生中所有的得与失、进与退都需要我们自己经历过一定的历练以后，慢慢领悟并有所获益。事实如此，但我们也无须悲观，这也正是人生精彩的地方，我们有着完全不同的成长环境，经历着不一样的世间百态，也正如此，我们才会有着不一样的思想碰撞，产生不一样的新奇体验。由此，我们唯一需要做的，就是学会坚持，学会苦中作乐，学会目光长远，学会居安思危，早日思考属于自己的出路，为自己挖一口属于自己的井，用不变应万变，增强对这多变莫测人生的抵抗力。

进入一家新公司的时候，询问别人对这家公司的印象如何。询问的对象不同，你便有可能得到截然相反的两种回答。一种回答是对公司较为满意的，这样的人通常是公司既得利益的分享者，属于公司的骨干型人物。这样的员工大部分是老员工，当然也并不排除部分表现优异的新员工。而另一种则有可能给出截然相反的否定答案，不等你细问，就会倒出许多的苦水，向你抱怨公司的这不好那不好。不用想，这样的员工多半是已经工作了几年，自认为任劳任怨且有了一定的工作经验和积累，却始终没有得到晋升或者赏识的员工。

当你询问他们每天都在干吗的时候，他们的抱怨和吐槽又会接踵而至、喋喋不休。抱怨来抱怨去，最后你会发现，他们不满意的点始终就在收入上面，总是认为自己的付出和所得并不成正比，自己也还是忙忙碌碌，没有一丝闲着的时候，所以他们内心充满了不满，但他们从未想过自己的问题到底在哪里。

他们没有想过，即便每天忙忙碌碌，日复一日，从公司领到的薪水再多，也都是老板给予的，自己不过是在每日花时间挑水，每日做着重复的工作，为了眼前的这点薪水在苦苦挣扎。但其实，这种固定的生活模式并不值得我们去推崇，我们应该踏踏实实地打好基础，更应该将眼光放得长远一点。俗话说，精明的人看得懂，高明的人看得远。如果我们每日只将自己的注意力放在这一点点的薪水上面，满足于完成手头的工作，而不去注重提升自己的能力，去发现一个更为辽阔的天空，这样的我们和那个始终只知道挑水的甲又有什么区别呢？我们又怎么能够在这变化莫测的未来为自己赢得一番天地呢？

因此，亲爱的宝贝，不论何时，我们都应该学会长远看待问题。从公司赚到的工资再多，也都是老板赏识给予的，你也一直都只是在这个平台上挑水，离开了这个平台的你有可能什么都不是。只有学会挖井，学会去挖一口属于自己的井，让自己的财路源源不断，我们才能真正赢得属于自己的一番天地。

你人生的目的地在哪，由你自己而定

有这么一件说来很奇怪却经常发生的事情：很多人都不知道自己究竟想要什么，不知道自己能够做什么，更不知道自己的目标在哪里。他们不清楚自己的内心，不知道将来要做什么，不知道自己要走向何方，不知道自己在哪里需要坚持、哪里需要放弃，他们甚至还不知道自己喜欢什么、讨厌什么……这是一件令人很沮丧的事情，我们本应该极力避免，但避无可避，因为这是我们成长过程中都会遇到的一个坎。正如美国文学家爱默生曾经说过的："一个人只要知道自己去哪里，全世界都会给他让路。"可以说，一个人只要弄清楚了自己内心的真正所想，明确了自己前进的方向和目标，那么，他离成功也就不远了。

曾经看过《爱丽丝梦游仙境》这本书，对书中这样一段对话印象深刻。爱丽丝迷路了，便问旁边路过的小猫："请你告诉我，我该走哪条路呢？"小猫回答："那要看你想去哪里了。""去哪儿无所谓。"爱丽丝回答道。"那么走哪条路也无所谓了。"小猫说。

我们的人生不也是这样吗？当你自己都不知道想要去何方、你的目标在哪里的时候，别人又怎么能知道你该去哪里呢？这时，就算别人有心帮你，恐怕也不知道该怎么帮助你吧。

同学聚会的时候，有一个男同学全程都郁郁寡欢。问及原因，原来是今年的经济形势很不好，男生担心自己所在的公司会倒闭，自己可能会面临失业。男生挨个地询问我们所在的公司感觉怎么样，有没有发展前景，自己是否有机会能够进入。既然男生问了，我们之间的关系又很近，大家便将自己所在平台的优势点和风险点如实相告。男生听了我们的实话，却依旧没有开心起来。后来，一位留在学校负责学生招聘和就业工作的同学问他："你想要什么样的工作？想要往哪个方向发展？"男生沉默不语。或许，男生迷茫的点正是在于不清楚自己究竟想要做点什么，更不清楚自己未来的人生该怎么走，只是迫切地想要以最快的速度到达他认为的事业巅峰。但这个巅峰长什么样，在哪里，分属什么行业，他不知道，也不清楚。那么，我们又何曾能够知道呢？

跟男生的聊天结束没多久，另一个正在读博士的女生就开始朝我抱怨起来，抱怨我总是不关心她，不为她出谋划策，对于她抛出的问题也总是笑笑就过去了。其实，这位在读女博士面对的困境和这位男生一样，都是“前路究竟在何方”这样的问题。与男生不同的是，我和这位女生以前同住一个宿舍，彼此之间有着很深厚的革命友谊，经常无话不谈。但是不知从什么时候开始慢慢生出了裂隙，我们不再像以前一样，见面都是客客气气的。席间，女生的这一番指责总算让我明白了问题所在。

其实很想问一句，为何我们要把自己定义为一个“巨婴”呢？在你向别人抛出“我该何去何从”这个问题的时候，别人给你的答案你一定会采纳吗？或许你只是想听到某个方面的一个建议，又或者你只是想朝对方撒个娇，获得一些安慰而已。但你抛出这些问题后对方没有给出你满意的回复而生闷气的时候，你有没有想过，或许对方也正在经历你所经历的呢？仅仅是因为你自认为她目前的状态比你好，她就有这样的义务对你负责任，为你出谋划策、授业解惑吗？或许你会说，朋友之间的作用不就是这样的吗？确实，互为好友，出于道义，我们应当尽力排解朋友的郁闷，让双方都能够迈入一个新的台阶。但这并不代表着对方要为你的一生去负责任，不是吗？毕竟，你我都不是上帝，都只是为了各自的生活在苦苦挣扎的人，我们处于同一发展阶段，当你选择向身边的朋友询问，而不是向更有经验的长辈咨询的时候，或许就已经是一个错误的开始了。

有人说，我也不想这样的，但是现实逼得我不得不这样。确实，没有人希望自己是迷茫没有前途的，但很多时候，生活中的小细节你不太在意，对于任何事情总是抱着一副无所谓的心态，最终的结果往往就会这样。其实，面对人生中应该争取的那些机会，这种随遇而安的心态并不是你所认为的豁达，而恰恰是你在困难面前表现出的怯懦和逃避。因为你缺乏与生活搏斗的勇气，害怕失败，害怕挑战，害怕归零，所以只好在更多的时候选择顺从。或许你想说，你也不想顺从，但是你不知道自己到底想要什么，更不清楚自己能够做什么。既如此，连你自己都不知道自己想要什么，命运又怎会给予你想要的一切呢？你所拥有的又怎会令你感到满意和满足呢？

亲爱的宝贝，没有梦想，何必远方。人生前进的道路上总是充满了坎坷和分叉，只有我们自己首先弄清楚自己的定位，弄明白自己想要的追求，并为之付出持续性的努力和追求，我们才有可能在柳暗花明处体会到成长的乐趣。当一个人很清楚地知道自己想要追求什么并能够为了这个梦想付出持续努力，不断追求的时候，你会发现，整个世界都会为之动容，为之让路，为之提供帮助。梦想如果能够轻易被放弃，那便也不再是梦想。梦想之所以被称为梦想，也正是在于无论如何都不能够被放弃，而只有无论发生什么都选择坚持到底，我们的梦想最终才有实现的可能。而等你坚持下去获得成功的时候，你会发现，并不是梦想太难以实现，而是能在这一路上坚持下去的人太少。

学会计划，让你稳步前进

什么是计划？《新华字典》中说，计划就是为实现目标而寻找资源的一系列行动。单从这个定义或解释中，我们就能够初步了解到计划的重要性。为了实现目标而寻找资源的一系列行动，就是说，当你有了一个计划之后，你会围绕着这个目标主动地寻找一切能够帮你达成这个结果的资源，会开始自发地去努力和创造。由此，可以说，当你想要获得成功的时候，第一步需要做的，就是给自己列出一个详细的计划，为自己的成功明确一个高度和定义，详细做出描述，并为之细化到具体的行动。

谈到计划这个话题，我们不得不说一下哈佛大学曾经做过的一个著名实验：他们在学校里随机抽取了一千名学生，调研他们“是否已经有了清晰的职业发展计划”，结果显示只有4%

的学生表示他们确实已经有了非常明确的职业发展计划；另有18%的同学已经有了初步的职业发展规划，但还不是很清晰；而剩下的78%的同学则表示自己还未有过任何计划，只是走一步看一步而已。

往后的时光里，调研者始终与这些被调研者保持着一定频率的联系，确保他们一直能够被联系到。30年以后，除了已经过世的40位同学，调研者对这960名同学依次做了一个现状回访，通过对他们的健康、家庭、事业、情感、财务等多项指标的统计，得出了一个非常有趣并令人振奋的结论：数据表明，无论是在健康、家庭、事业，还是情感、财务的各项指标中，当年对自己的职业发展有着清晰规划的那4%的人，在以上的那些指标中得分都是最高的，他们不仅拥有健康的身体、美满的家庭和成功的事业，有的还获得了平衡的心灵和令人羡慕的财富自由。那18%的对自己的未来有初步却不详细具体规划的人，大多数也都成为各行各业中的专业人士，虽然这其中也并不缺乏薪水较高的人，但总是在健康、家庭与心灵等诸多方面有着一定的矛盾，身心疲惫成为他们一致的特征。

而那些占比人数最多的，就是那些当年没有任何职业发展规划的人，他们的发展现状令人堪忧。除了极个别的人能够与有初步规划的同学一样，有着稳定的薪水和令人较为满意的家庭状况以外，大多数人都是在工作几年以后，一旦衣食无缺就不再持续努力了，所以他们中的大部分人都只能够成长为一个平凡的职员、技术人员或者销售人员，甚至还有不少人只能依靠政府的失业救济金来勉强度日。由此可见，就连哈佛大学这样的名校毕业生也需要有清晰明确的计划。纵使是名校毕业，他们也不能够保证每个人都成功，更何况是你我这样普通学校毕业的人呢?

亲爱的宝贝，想要跟这些4%的人一样拥有完美人生的话，我们就需要学会为自己设计一份清晰明确的规划。要知道，没有主动计划的人往往只能被动地被纳入别人的发展计划中。只有拥有明确的人生规划，我们的未来才不会迷茫，才会更加清楚自己的定位和所处位置，才能够更清晰地知道自己下一步要迈出的方向和努力的步调。

生活中的我们经常会听到有人抱怨自己的迷茫和后悔，感叹自己的怀才不遇和遭遇到的不公平对待。但其实，正如徐小平曾经说过的：“人生如果没有设计，你离挨饿只有三天。”此话说得虽然很极端，但也正反映出了在竞争激烈的当下，“人生需要规划”已经成为必不可少的思想理念。只有拥有对未来的规划发展能力，才能够让我们在遇到人生中的一些突发状况时，以不变应对万变，将自己面临的风险降到最低。

想要赚一万块钱工资的人和想要赚一千块钱工资的人，他们赚钱和花钱的方式肯定是不一样的，同理，想要继续攻读博士学位和一门心思只想赶快出来上班赚钱的人，他们在学习方面所做出的计划和付出的努力必定也是不一样的。而这些，也正是人与人之间的差距越来越大的原因所在。当别人正在埋头苦读的时候，你正在偷懒看剧；当别人正在为了职称考试昼夜奋战的时候，你正在轻松地哼着小曲；当别人正在早起坚持锻炼的时候，你正蒙在被子里睡懒觉。由此，追根溯源，足以想见计划的重要性以及计划能够为我们带来的能量转变。

因此，亲爱的宝贝，请你记住，计划往往是我们自我人生管理中最基础的一个职能，当你将它只看作一个纸质的文本，或者只是年初上交的提案，又或者只是年底总结的一个参照的时候，你还没有真正领会到计划对于你的重要作用。只有真正将计划放入心中，依靠计划来展开你未来的活动，我们才能够更好地发挥出计划中的自律作用，迫使自己放弃偷懒，将时间用于勤奋、用于坚持、用于自律，长此以往，计划实现的当日便是我们获得成功的那天。由此，亲爱的宝贝，如果现在的你都还未曾有一份清晰明确的职业发展规划或人生的发展规划，不妨暂且停下匆匆前进的脚步，抽出一部分时间来为自己的未来好好规划一下前进的方向，所谓磨刀不误砍柴工，只有明确了下一步的发展方向和计划，我们才能够走得更加稳健和坚定。

参考文献

[1]鱼樵.你必须很努力，才能看起来毫不费力[M].南京：江苏凤凰文艺出版社，2016.

[2]沈善书.你不努力，就别怪世界残酷[M].南京：百花洲文艺出版社，2016.

[3]刘素平.做一个内心强大的人：每天读点荣格心理学[M].南昌：江西人民出版社，2016.

[4]江晓英.让你的努力，配得上你的梦想[M].南昌：江西教育出版社，2016.